数控车编程与加工
实训教程

王 超 主编　　高乾坤　张蕊华 副主编

复旦大学出版社

图书在版编目(CIP)数据

数控车编程与加工实训教程/王超主编. —上海:复旦大学出版社,2020.2
ISBN 978-7-309-14829-9

Ⅰ.①数… Ⅱ.①王… Ⅲ.①数控机床-车床-车削-程序设计-高等职业教育-教材
Ⅳ.①TG519.1

中国版本图书馆 CIP 数据核字(2020)第 013169 号

数控车编程与加工实训教程
王　超　主编
责任编辑/张志军

复旦大学出版社有限公司出版发行
上海市国权路 579 号　邮编:200433
网址:fupnet@fudanpress.com　http://www.fudanpress.com
门市零售:86-21-65642857　团体订购:86-21-65118853
外埠邮购:86-21-65109143
上海丽佳制版印刷有限公司

开本 787×960　1/16　印张 18.5　字数 260 千
2020 年 2 月第 1 版第 1 次印刷

ISBN 978-7-309-14829-9/T・663
定价:55.00 元

如有印装质量问题,请向复旦大学出版社有限公司发行部调换。
版权所有　侵权必究

前　　言

　　经济社会的高速发展,对机械产品的结构、性能和精度提出了更高的要求,机械加工也相应地向高精度、高效率、高柔性和高自动化的方向发展。数控加工正是现代制造业中广泛应用的一种先进机械加工技术,已逐渐替代传统的机械加工制造方法,并为智能制造的发展奠定了坚实基础。

　　本书编者多年来一直从事数控编程与加工教学和科研工作,教学过程中不断收集学生学习体会及意见、建议,反复比较教学效果,同时结合国家职业资格考试标准,形成了本书的教学内容。本书以华中世纪星 HNC-21T 系统为例,讲解数控车削的编程与加工技术,介绍了数控车削的基本内容、基本知识、工艺安排和编程及加工方法,并介绍了数控加工仿真软件 VNUC 的应用。

　　全书分为上、下两篇。上篇为基础篇,主要学习数控车削加工应掌握的基础知识,内容包括:数控车床安全使用与维护保养、数控车床编程基础知识和数控车削工艺分析方法等;下篇为实训篇,主要学习和训练具体的数控车削编程与加工方法,内容包括:数控车削的基本操作训练、简单零件编程与加工训练、复杂零件编程与加工训练、非圆曲线零件车削编程与加工训练、配合件综合编程与加工训练、数控加工仿真软件应用。

　　全书理论联系实际,培养知识能力与应用能力;各章节内容安排遵循实践教学规律,由简到难,从单一到综合,层层递进,精讲多练,突出应用,合理选择教学案例和实训项目。以加工实例为学习载体,有助于提高学生的学习兴趣，培养学生的编程思维，训练学生的加工能力，有利于推动实训教学的开展和提升，并能体现"能力发展与职业发展规律相适应、教学过程与工作过程相一致"的教学体系和模式。

本书由丽水学院王超策划统稿并编写第1～5章，丽水学院高乾坤编写第6～8章，丽水学院张蕊华负责整理修改。

本书可作为高等院校、高职高专机械类专业数控车实训课程教材，也可作为高级数控车工培训教材选用。

由于编者水平有限，书中难免哟不足之处，恳请广大读者和同仁提出宝贵意见。

2019 年 12 月

目　　录

上篇　基础篇

第 1 章　数控车床实训基础 ················· 003
1.1　数控车床安全使用与维护保养 ················· 003
1.1.1　数控车床安全操作规程 ················· 003
1.1.2　数控车床的维护保养 ················· 004
1.2　数控车床编程基础 ················· 005
1.2.1　数控车床的坐标系 ················· 005
1.2.2　华中数控系统零件程序的结构 ················· 010
1.2.3　华中数控系统的编程指令体系 ················· 012

第 2 章　数控车削工艺基础 ················· 058
2.1　数控车削工艺概述 ················· 058
2.1.1　数控车削加工的主要对象 ················· 058
2.1.2　数控车削工艺的基本特点 ················· 061
2.1.3　数控车削工艺的主要内容 ················· 062
2.2　零件工艺分析 ················· 062
2.2.1　零件图样分析 ················· 062

        2.2.2 结构工艺性分析 ………………………………… 063
   2.3 数控车削工艺制订 ……………………………………… 064
        2.3.1 加工方法的选择 ………………………………… 064
        2.3.2 工序的划分 ……………………………………… 064
        2.3.3 加工顺序的安排 ………………………………… 066
        2.3.4 加工路线的确定 ………………………………… 067
        2.3.5 数控加工工艺文件 ……………………………… 069
   2.4 数控车削定位与夹紧方案确定 ………………………… 071
        2.4.1 夹具的基本概念 ………………………………… 071
        2.4.2 数控车床常用夹具 ……………………………… 072
        2.4.3 数控车削定位与夹紧方案确定 ………………… 076
   2.5 数控车削刀具选择 ……………………………………… 077
        2.5.1 车削运动 ………………………………………… 077
        2.5.2 常用车刀的种类和用途 ………………………… 077
        2.5.3 可转位车刀 ……………………………………… 078
        2.5.4 数控车削对刀具的要求 ………………………… 084
   2.6 数控车削切削用量选择 ………………………………… 084
        2.6.1 切削用量 ………………………………………… 085
        2.6.2 切削用量的选择 ………………………………… 086
        2.6.3 切削用量的确定 ………………………………… 088

下篇 实训篇

第3章 数控车削的基本操作训练 ………………………………… 091
   3.1 华中世纪星 HNC-21T 数控系统操作面板 …………… 091
        3.1.1 操作面板结构 …………………………………… 091
        3.1.2 软件操作界面 …………………………………… 091
   3.2 华中世纪星 HNC-21T 数控系统基本操作 …………… 094

3.2.1　开、关机等操作 …………………………………… 094
　　　3.2.2　机床手动操作 …………………………………… 096
　　　3.2.3　程序输入与文件管理 …………………………… 101
　　　3.2.4　程序运行 ………………………………………… 102
　　3.3　对刀与参数设定 ………………………………………… 105
　　　3.3.1　工件坐标系设定 ………………………………… 105
　　　3.3.2　工件坐标系选择(零点偏置) …………………… 107
　　　3.3.3　偏置法对刀 ……………………………………… 109
　　3.4　数控车削零件自动加工一般操作流程 ………………… 113

第4章　简单零件编程与加工训练 ………………………………… 114
　　4.1　外圆面和端面车削编程与加工训练 …………………… 114
　　　4.1.1　简单阶梯轴加工 ………………………………… 114
　　　4.1.2　多阶梯轴加工 …………………………………… 118
　　4.2　圆锥面和圆弧面车削编程与加工训练 ………………… 121
　　　4.2.1　多圆锥面轴加工 ………………………………… 121
　　　4.2.2　简单圆弧面轴加工 ……………………………… 124
　　　4.2.3　多圆弧面轴加工 ………………………………… 128
　　4.3　切断和沟槽车削编程与加工训练 ……………………… 132
　　　4.3.1　直槽加工 ………………………………………… 132
　　　4.3.2　斜槽加工 ………………………………………… 137
　　　4.3.3　端面槽加工 ……………………………………… 140
　　4.4　复合性简单轮廓零件编程与加工训练 ………………… 143
　　　4.4.1　圆锥圆弧复合轴零件加工 ……………………… 143
　　　4.4.2　圆锥圆弧直槽复合轴零件加工 ………………… 147

第5章　复杂零件编程与加工训练 ………………………………… 153
　　5.1　内孔车削编程与加工训练 ……………………………… 153
　　　5.1.1　简单内孔加工 …………………………………… 153

　　　　5.1.2　复杂内孔加工 ·· 157
　　5.2　螺纹车削编程与加工训练 ·· 165
　　　　5.2.1　外圆柱螺纹加工 ·· 165
　　　　5.2.2　外圆锥螺纹加工 ·· 170
　　　　5.2.3　内螺纹加工 ·· 173
　　5.3　复合性复杂零件编程与加工训练 ·· 177
　　　　5.3.1　圆锥圆弧外螺纹复合轴零件加工 ···························· 177
　　　　5.3.2　圆弧圆锥内螺纹复合轴套零件加工 ························· 184

第 6 章　非圆曲线零件车削编程与加工训练 ···························· 192

　　6.1　宏程序简介 ·· 192
　　　　6.1.1　华中数控用户宏程序 ··· 192
　　　　6.1.2　宏程序基础知识 ·· 193
　　　　6.1.3　宏程序编程模板和使用步骤 ································· 198
　　6.2　非圆曲线零件车削编程与加工训练 ···································· 200
　　　　6.2.1　椭圆曲线零件加工 ·· 200
　　　　6.2.2　抛物线曲线零件加工 ··· 204
　　　　6.2.3　三次曲线零件加工 ·· 208
　　　　6.2.4　非圆曲线外螺纹复合零件加工 ······························ 212

第 7 章　配合件综合编程与加工训练 ······································ 219

　　7.1　孔轴配合件加工训练 ·· 219
　　7.2　螺纹配合件加工训练 ·· 230
　　7.3　曲面配合件加工训练 ·· 242

第 8 章　数控加工仿真软件应用 ·· 254

　　8.1　数控加工仿真软件 VNUC 简介 ·· 254
　　8.2　数控加工仿真软件 VNUC 基本操作 ·································· 255

8.2.1　启动、关闭网络版软件 ………………………………… 255
　　　8.2.2　管理项目 …………………………………………………… 256
　　　8.2.3　管理 NC 代码文件 ………………………………………… 257
　　　8.2.4　管理零件 …………………………………………………… 258
　　　8.2.5　设置系统 …………………………………………………… 259
　　　8.2.6　数控车床的基本操作 ……………………………………… 270
　　8.3　数控仿真加工实例 ………………………………………………… 274

参考文献 ………………………………………………………………………… 286

上 篇

基 础 篇

第1章

数控车床实训基础

1.1 数控车床安全使用与维护保养

1.1.1 数控车床安全操作规程

为确保实训操作人员的人身安全和设备安全,学员参与实训前必须学习实训中心规章制度和安全义明生产教育,熟悉并能严格遵守如下数控车床安全操作规程。

(1) 学员未经允许不得进入实训中心,指导教师不在不得私自打开机床设备。

(2) 学员进入实训中心前要穿好工作服,衣服上若有绑带要系好塞进里面,严禁戴手套。女学员必须戴好安全帽,辫子应放入帽内。不得穿裙子、短裤、拖鞋。

(3) 实训期间学员应遵守考勤纪律,无故不得迟到、离岗、早退。

(4) 实训期间严禁学员喧哗打闹、玩手机、吃零食。

(5) 操作过程中,学员独立完成,其他人员不得干预或随意触碰按键按钮。

(6) 学员要熟悉车床使用说明书等有关资料,熟悉车床技术参数和性能结构,严禁超性能使用。

(7) 开机顺序:总电源→机床电源→数控系统电源。关机顺序:数控系统电源→机床电源→总电源。

（8）开机先预热车床，认真细致检查车床各部位，如有异常情况立即报告，不得擅自拆卸零部件。

（9）学员不得随意改变机床参数和内部程序。

（10）每次开机都应先进行"回零"操作。

（11）加工前，确认工件、刀具是否夹紧固定。

（12）拆装、测量工件时必须停止主机运转。

（13）工件、刀具拆装完毕后，必须马上取下钥匙放回工具箱，不得遗留在卡盘和刀架上。

（14）工具、量具、洁具等应按规范使用，用完放回工具箱指定位置，不得随意搁置在床身任何部位。

（15）程序输入后学员应仔细检查程序名、地址符、数值、刀补、切削参数等，使用校验功能校验程序，确定走刀轨迹正确后，锁定机床，模拟加工，一切正常后待指导教师确认无误方可运行加工。加工过程中不可远离数控车床。

（16）机床运转时，关上安全防护门。不允许用手接近旋转部件，也不要进入安全防护罩内。

（17）加工过程中出现异常情况立即按下红色"急停"按钮。解除急停后须进行"回零"操作。

（18）加工完毕，主轴停转3分钟后方可按规范关机切断电源。

（19）实训结束学员须清除刀具和工作台上的铁屑，清扫实训教学场所，并认真填写设备使用记录。

（20）学员须定期清理刀座和上刀架之间的污物和冷却液，以保持刀座的重复定位精度。

1.1.2 数控车床的维护保养

数控车床是一种机电液一体化设备，具有加工技术先进、自动化程度高、产品质量高的特点。为了充分发挥数控车床的作用，减少故障发生，保障车床可靠性，延长车床的无故障时间，学员必须合理正确地使用数控车床，严格遵守车床日常维护保养制度。具体如下：

(1) 保证车床主体处于良好的润滑状态,以降低机械磨损。启动数控车床前,须检查润滑油箱液面是否低于最小刻度线。如低于最小刻度线,应当添加指定润滑油后方可启动数控车床。

(2) 开机前须检查数控车床导轨面有无划伤损坏,若有应修复后方可启动。

(3) 启动数控车床后,主轴应空运行 10 分钟以上达到热平衡后方可切削加工。

(4) 数控车床在开机期间若有异常声响,学员应立即停机检查,待故障排除后方可重新开机。

(5) 关机前学员须进行"回零"操作,之后手动将 X 轴和 Z 轴反向运动 20 mm 左右,使限位开关压簧处于松弛状态。

(6) 关机后学员应及时清理切屑,将数控车床床身打扫干净。

(7) 学员须定期检查、清洗自动润滑系统。

(8) 学员须定期检查、清洁冷却风扇和通风滤网。

(9) 学员须定期检查各种防护装置有无松动和漏水现象。

(10) 设备管理人员应定期对数控车床的主轴、换刀系统、传动机构的反向间隙等进行精度检查和调整,以保证车床的加工精度。

(11) 设备管理人员应定期检对数控系统、自动输入装置及交流伺服电机等重要部件进行检查和保洁,以消除故障隐患。

(12) 设备管理人员应及时更换存储器电池,以免造成程序及各种参数的丢失。

(13) 数控车床若长时间不工作,设备管理人员应保证每周通电 1 次,每次 1 小时以上,以免电子元器件受潮损坏。

1.2 数控车床编程基础

1.2.1 数控车床的坐标系

1. 机床坐标轴

为简化编程和保证程序的通用性,对数控机床的坐标系、坐标轴的命名以及方向的确定规定了统一的标准,目前我国执行的是原机械工业部颁布的JB/T3051—1999标准,其原则如下。

(1) 机床相对运动的规定　机床的结构不同,有的机床是刀具运动,零件静止不动;有的机床刀具不动,零件运动。无论机床采用什么形式,都假设工件静止,而刀具是运动的。编程人员在不考虑机床上工件与刀具具体运动的情况下,就可以依据零件图样,确定机床的加工过程。

(2) 标准坐标系的规定　标准机床坐标系中,规定直线进给坐标轴用 X、Y、Z 表示,称为基本坐标轴。X、Y、Z 坐标轴的相互关系用右手笛卡尔直角坐标系决定,如图 1.2.1 所示,大拇指的指向为 X 轴的正方向,食指指向为 Y 轴的正方向,中指指向为 Z 轴的正方向。

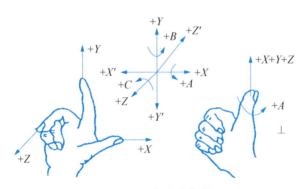

图 1.2.1　机床坐标轴

围绕 X、Y、Z 轴旋转的圆周进给坐标轴分别用 A、B、C 表示,根据右手螺旋定则,以大拇指指向为 $+X$、$+Y$、$+Z$ 方向,则食指、中指等的指向是圆周进给运动的 $+A$、$+B$、$+C$ 方向。

上述坐标轴正方向,正是基于假定工件不动,刀具相对于工件做进给运动的方向。如果工件移动则用加"′"的字母表示,按相对运动的关系,工件运动的正方向恰好与刀具运动的正方向相反,即有:

$$+X = -X', \ +Y = -Y', \ +Z = -Z',$$
$$+A = -A', \ +B = -B', \ +C = -C'.$$

同样,两者运动的负方向也彼此相反。

(3)机床坐标轴方向的规定　规定增大刀具与工件距离的方向即为各坐标轴的正方向,如图1.2.2所示。机床坐标轴的方向取决于机床的类型和各组成部分的布局。对车床而言,一般先确定 Z 轴,再确定 X 轴,然后确定 Y 轴,最后确定回转轴 A、B、C。

① Z 轴的运动方向是由传递切削动力的主轴所决定的,即平行于主轴轴线的坐标轴即为 Z 轴,Z 轴的正向为刀具离开工件的方向。

② X 轴平行于工件的装夹平面,一般在水平面内。确定 X 轴的方向时,要考虑两种情况:如果工件做旋转运动,则刀具离开工件的方向为 X 轴的正方向;如果刀具做旋转运动,且 Z 轴水平(卧式车床),观察者沿刀具主轴看向工件时,X 轴方向指向右方。

③ 在确定 X、Z 轴的正方向后,可以根据 X 和 Z 轴的方向,按照右手直角坐标系来确定 Y 坐标的方向。

④ 根据已确定的 X、Y、Z 轴,用右手螺旋法则确定回转轴 A、B、C 三轴坐标。

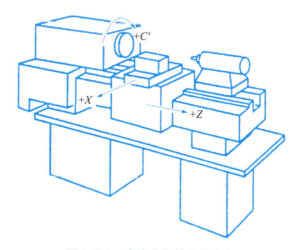

图1.2.2　车床坐标轴及其方向

2. 机床坐标系、机床原点和机床参考点

(1)机床坐标系　在数控机床上,机床的动作是由数控装置来控制的,为了确定数控机床上的成形运动和辅助运动,必须先确定机床上运动的位移和运动的方向,这就需要通过坐标系来实现,这个坐标系称为机床坐标系。机床坐标系是机床固有的坐标系。根据刀架相对工件的位置,其机床坐标系可分为前置刀架和后置刀架两种形式。前、后置刀架式数控车床的机床坐标系,X 轴方向正好相反,而 Z 轴方向是相同的。

(2) 机床原点　机床坐标系的原点称为机床原点或机床零点。在机床经过设计、制造和调整后,这个原点便确定下来,是机床上固定的点。

(3) 机床参考点　数控装置上电时并不知道机床原点,为了正确地在机床工作时建立机床坐标系,通常在每个坐标轴的移动范围内设置一个机床参考点(测量起点)。数控机床起动时,通常要机动或手动回零操作,即返回参考点,以建立机床坐标系。当执行返回参考点的操作后,刀具(或工作台)退离到机床参考点,使装在 X、Y、Z 轴向滑板上的各个行程挡块分别压下对应的限位开关,向数控系统发出信号,系统记下此点位置,并在显示器上显示出位于此点的刀具中心在机床坐标系中的各坐标值。这表示机床回到了参考点位置,也就知道了该坐标轴的零点位置,找到所有坐标轴的参考点,在数控系统内部自动建立起了机床坐标系。这样,确认参考点就确定了机床原点。机床参考点可以与机床零点重合,也可以不重合,通过参数指定机床参考点到机床原点的距离。参考点位置在机床出厂时已调整好,一般不作变动,必要时可通过设定参数或改变机床上各挡块的位置来调整。

返回参考点除了用于建立机床坐标系外,还可用于消除漂移、变形等引起的误差。机床使用一段时间后,工作台会有一些漂移,引入加工有误差。回参考点操作后,就可以使机床的工作台回到准确位置,消除误差。所以在机床加工前,也需进行返回参考点的操作。

值得注意的是,当机床开机回参考点之后,无论刀具运动到哪一点,对其位置数控系统都是已知的。

机床坐标轴的机械行程是由最大和最小限位开关来限定的。机床坐标轴的有效行程范围是由软件限位来界定的,其值由制造商定义。机床零点(OM)、机床参考点(Om)、机床坐标轴的机械行程及有效行程的关系如

图 1.2.3 所示。

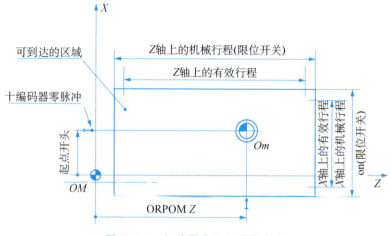

图 1.2.3　机床零点和机床参考点

3. 工件坐标系、程序原点

(1) 工件坐标系　工件坐标系是编程人员在编程时使用的,编程人员选择工件上的某一已知点为原点(也称程序原点),建立一个新的坐标系,称为工件坐标系。编程人员在工件坐标系内编程时不必考虑工件在机床中的装夹位置。但是,工件装夹到机床上时应使工件坐标系与机床坐标系的坐标轴方向一致,并且与之有确定的尺寸关系。为保证编程与机床加工的一致性,工件坐标系也应采用右手笛卡尔直角坐标系。工件坐标系一旦建立便一直有效,直到被新的工件坐标系取代。

(2) 程序原点　工件坐标系的原点称为程序原点,也称编程原点或工件原点。当采用绝对坐标编程时,工件上所有的点的编程坐标值都是基于程序原点计量的(CNC 系统在处理零件程序时,自动将相对于程序原点的任一点的坐标统一转换为相对于机床零点的坐标)。

程序原点在工件上的位置虽然可由编程人员任意选择,但一般应遵循以下原则:

① 应尽量满足编程简单、尺寸换算少。

② 应尽量选在零件的设计基准或工艺基准上。

③ 应尽量选在尺寸精度高、表面粗糙度小的工件表面上,以提高被加工零件的加工精度。

④ 要便于测量和检验。

⑤ 最好选在工件的对称中心上。

数控车床编程中,程序原点一般选在工件轴线与工件的前端面、后端面、卡爪前端面的交点上。

加工开始时要设置工件坐标系,用 G92 可建立工件坐标系,用 G54～G59 或 T 指令可选择工件坐标系。

1.2.2 华中数控系统零件程序的结构

(1) 程序的结构 一个零件程序是一组被传送到数控装置中去的指令和数据,是由遵循一定结构、句法和格式规则的若干个程序段组成的,而每个程序段是由若干个指令字组成的,如图 1.2.4 所示。

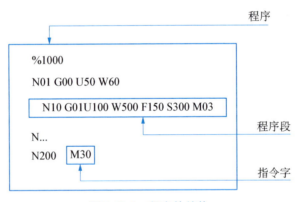

图 1.2.4 程序的结构

(2) 指令字的格式 一个指令字是由地址符(指令字符)和带符号(如定义尺寸的字)或不带符号(如准备功能字 G 代码)的数字数据组成的。程序段中不同的指令字符及其后续数值确定了每个指令字的含义。在数控程序段中包含的主要指令字符见表 1.2.1。

表 1.2.1　指令字符一览表

功能	地址	意　义
零件程序号	%	程序编号　%0001~9999
程序段号	N	程序段编号　N0~4294967295
准备功能	G	指令动作方式(直线、圆弧等)G00~99
尺寸字	X，Y，Z A，B，C U，V，W	坐标轴的移动命令　±99999.999
	R	圆弧的半径,固定循环的参数
	I，J，K	圆心相对于起点的坐标,固定循环的参数
进给速度	F	进给速度的指定　F0~36000
主轴功能	S	主轴旋转速度的指定　S0~9999
刀具功能	T	刀具号、刀具补偿号的指定 T0000~9999
辅助功能	M	机床侧开/关控制的指定　M0~99
补偿号	D	刀具半径补偿号的指定　00~99
暂停	P	暂停时间的指定　秒
程序号的指定	P	子程序号的指定　P0001~9999
重复次数	L	子程序的重复次数,固定循环的重复次数
参数	P，Q，R，U，W，I，K，C，A	车削复合循环参数
倒角控制	C，R，RL—，RC=	直线后倒角和圆弧后倒角参数

（3）程序段的格式　一个程序段定义一个将由数控装置执行的指令行。程序段的格式定义了每个程序段中功能字的句法,如图 1.2.5 所示。

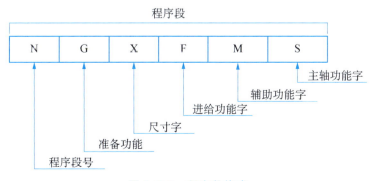

图 1.2.5　程序段格式

(4) 程序的一般结构　一个零件程序必须包括起始符和结束符。零件程序是按程序段的输入顺序执行的,而不是按程序段号的顺序执行的,但书写程序时,建议按升序书写程序段号。华中世纪星数控装置的程序结构如下：

① 程序起始符:％(或 O)符,％(或 O)后跟程序号。

② 程序结束:M02 或 M30。

③ 注释符:括号"()"内或分号";"后的内容为注释文字。

(5) 程序的文件名　CNC 装置可以装入许多程序文件,以文件的方式读写。文件名格式为(有别于 DOS 的其他文件名):O××××(地址符 O 后面必须有 4 位数字或字母)。华中数控系统通过调用文件名来调用程序,进行加工或编辑。

1.2.3　华中数控系统的编程指令体系

1. 辅助功能 M 指令

辅助功能也称 M 功能,由地址符 M 和其后的一或两位数字组成,主要用于控制零件程序的走向,以及机床各种辅助功能的开关动作,如程序的暂停和结束、主轴的开/停等。

M 功能有非模态 M 功能和模态 M 功能两种形式。非模态 M 功能只在书写了该代码的程序段中有效,而模态 M 功能是一组可相互注销的 M 功能,这些功能在被同一组的另一个功能注销前一直有效。模态 M 功能组中包含一个缺省功能,系统上电时将被初始化为该功能。

另外,M 功能还可分为前作用 M 功能和后作用 M 功能两类。前作用 M 功能是在程序段编制的轴运动之前执行,而后作用 M 功能是在程序段编制的轴运动之后执行。

华中世纪星数控装置 M 指令功能见表 1.2.2 所示(标※的为缺省值)。

表 1.2.2　M 指令及功能

代码	模态	功能说明	代码	模态	功能说明
M00	非模态	程序停止	M03	模态	主轴正转起动
M01	非模态	选择停止	M04	模态	主轴反转起动

续　表

代码	模态	功能说明	代码	模态	功能说明
M02	非模态	程序结束	M05※	模态	主轴停止转动
M30	非模态	程序结束并返回程序起点	M07	模态	切削液打开
			M08	模态	切削液打开
M98	非模态	调用子程序	M09※	模态	切削液停止
M99	非模态	子程序结束			

其中，M00、M01、M02、M30、M98、M99 用于控制零件程序的走向，是 CNC 内定的辅助功能，不由机床制造商设计决定，也就是说，与 PLC 程序无关；其余 M 代码用于机床各种辅助功能的开关动作，其功能不由 CNC 内定，而是由 PLC 程序指定，所以有可能因机床制造厂不同而有差异（表内为标准 PLC 指定的功能）。

(1) 程序暂停 M00　当 CNC 执行到 M00 指令时，将暂停执行当前程序，以方便刀具和工件的尺寸测量、工件调头、手动变速等操作。暂停时，机床的进给停止，而全部现存的模态信息保持不变。欲继续执行后续程序，重按操作面板上的"循环启动"键。M00 为非模态后作用 M 功能。

(2) 选择停 M01　如果按亮操作面板上的"选择停"键，当 CNC 执行到 M01 指令时，将暂停执行当前程序，以方便刀具和工件的尺寸测量、工件调头、手动变速等操作。暂停时，机床的进给停止，而全部现存的模态信息保持不变，欲继续执行后续程序，重按操作面板上的"循环启动"键。如果用户没有按亮或按灭操作面板上的"选择停"键，当 CNC 执行到 M01 指令时，程序不会暂停而继续往下执行。M01 为非模态后作用 M 功能。

(3) 程序结束 M02　M02 一般放在主程序的最后一个程序段中。当 CNC 执行到 M02 指令时，机床的主轴、进给、冷却液全部停止，加工结束。使用 M02 的程序结束后，若要重新执行该程序，须重新调用该程序，然后再按操作面板上的"循环启动"键。M02 为非模态后作用 M 功能。

(4) 程序结束并返回到零件程序头 M30　M30 和 M02 功能基本相同，只是 M30 指令还兼有控制返回到零件程序头(%)的作用。使用 M30 的程序结束后,若要重新执行该程序,只需重新按操作面板上的"循环启动"键。

(5) 子程序调用 M98 及从程序返回 M99 M98 用来调用子程序。M99 表示程序返回,在子程序中调用 M99 使控制返回到主程序,在主程序中调用 M99,则又返回程序的开头继续执行,且会一直反复执行下去,直到用户干预为止。

子程序的格式如下:

```
%****;此行开头不能有空格
…
M99
```

在子程序开头,必须规定子程序号,作为调用入口地址。在子程序的结尾用 M99,以控制执行完该子程序后返回主程序。

可以带参数调用子程序,调用子程序的格式为:

```
M98 P_ L_
```

P 为被调用的子程序号,L 为重复调用次数。

例1 子程序调用

例1零件图如图 1.2.6 所示,程序见表 1.2.3。

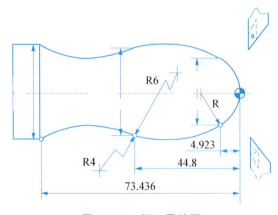

图 1.2.6 例1零件图

表 1.2.3　例 1 程序

程序名:O0001

程序段号	程序内容	程序说明
	%0001;	主程序程序号
N10	G92 X32 Z1;	设立坐标系,定义对刀点的位置
N20	M03 S1000;	主轴正转
N30	G00 Z0;	移到子程序起点处
N40	M98 P0002 L5;	调用子程序,并循环 5 次
N50	G36 G00 X32 Z1;	用直径编程,返回对刀点
N60	M05	主轴停
N70	M30	主程序结束并复位
	%0002	子程序名
N10	G37 G01 U-12 F100	用半径编程,进刀到切削起点处
N20	G03 U7.385 W-4.923 R8	加工 R8 圆弧段
N30	U3.215 W-39.877 R60	加工 R60 圆弧段
N40	G02 U1.4 W-28.636 R40	加工切 R40 圆弧段
N50	G00 U4	离开已加工表面
N60	W73.436	回到循环起点 Z 轴处
N70	G01 U-5 F100	调整每次循环的切削量
N80	M99	子程序结束,并回到主程序

（6）主轴控制指令 M03、M04、M05

① M03:启动主轴以程序中编制的主轴速度顺时针方向旋转。

② M04:启动主轴以程序中编制的主轴速度逆时针方向旋转。

③ M05:使主轴停止旋转。

M03、M04 为模态前作用 M 功能；M05 为模态后作用 M 功能,M05 为缺省功能。M03、M04、M05 可相互注销。

（7）冷却液打开、停止指令 M07、M08、M09

① M07、M08:打开冷却液管道。

② M09：关闭冷却液管道。

M07、M08 为模态前作用 M 功能；M09 为模态后作用 M 功能，M09 为缺省功能。

2. 主轴功能 S 指令

主轴功能 S 指令控制主轴转速，其后的数值表示主轴转速，单位为转/分钟(r/min)。恒线速度功能时 S 指定切削线速度，其后的数值单位为米/分钟(m/min)(G96 恒线速度有效，G97 取消恒线速度，G46 极限转速限定)。S 是模态指令，S 功能只有在主轴速度可调节时有效。S 指令所编程的主轴转速可以借助机床控制面板上的主轴倍率开关修调。

3. 进给功能 F 指令

F 指令表示工件被加工时刀具相对于工件的合成进给速度。F 的单位取决于 G94(每分钟进给量，m/min)或 G95(主轴每转一转刀具的进给量，mm/r)。使用下式可以实现每转进给量与每分钟进给量的转化：

$$f_m = f_r \times S,$$

式中，f_m 为每分钟的进给量，单位为 mm/min；f_r 为每转进给量，单位为 mm/r；S 为主轴转数，单位为 r/min。

工作在 G01、G02 或 G03 方式下，编程的 F 指令一直有效，直到被新的 F 值取代；而工作在 G00 方式下，快速定位的速度与所编 F 无关。

借助机床控制面板上的倍率按键，F 可在一定范围内倍率修调。当执行攻丝循环 G76、G82，以及螺纹切削 G32 时，倍率开关失效，进给倍率固定在 100%。

注意 当使用每转进给量方式时，必须在主轴上安装一个位置编码器。另外，直径编程时，X 轴方向的进给速度为：半径的变化量/分，半径的变化量/转。

4. 刀具功能 T 指令

T 指令用于选刀和换刀，其后的 4 位数字分别表示选择的刀具号和刀具补偿号。4 位数字中前两位数字表示为刀具号，后两位数字表示为刀具补偿号。T 指令与刀具的关系是由机床制造厂规定的，须参考机床厂家的说明书。例如：

T0102

其中，01表示刀具号，02表示刀具补偿号。

同一把刀可以对应多个刀具补偿，比如T0101、T0102、T0103。也可以多把刀对应一个刀具补偿，比如T0101、T0201、T0301。

执行T指令，转动转塔刀架，选用指定的刀具，同时调入刀补寄存器中的补偿值（刀具的几何补偿值即偏置补偿与磨损补偿之和）。执行T指令时并不立即产生刀具移动动作，而是当后面有移动指令时一并执行。当一个程序段同时包含T指令与刀具移动指令时，先执行T指令，而后执行刀具移动指令。

例2 T指令

表1.2.4 例2程序

程序名：O0002

程序段号	程序内容	程序说明
	%0002	
N10	T0101	此时换1号刀，设立坐标系，刀具不移动
N20	M03 S1000	
N30	G00 X45 Z0	当有移动性指令时，执行1号刀补
N40	G01 X10 F100	
N50	G00 X80 Z30	
N60	T0202	此时换2号刀，刀具不移动
N70	G00 X40 Z5	当有移动性指令时，执行2号刀补
N80	G01 Z-20 F100	
N90	G00 X80 Z30	
N100	M30	

5. 准备功能G指令

准备功能G指令由G后一或两位数值组成，用来规定刀具和工件的相对运动轨迹、机床坐标系、坐标平面、刀具补偿、坐标偏置等多种加工操作。G 指令根据功能的不同分成若干组,其中 00 组的 G 指令为非模态 G 指令,只在所规定的程序段中有效,程序段结束时即被注销;其余组的为模态 G 指令,是一组可相互注销的 G 指令,这些指令一旦被执行,则功能一直有效,直到被同一组的 G 指令注销为止。模态 G 指令组中包含一个缺省 G 功能,上电时将被初始化为该功能。

不同组 G 指令可以放在同一程序段中,同时执行,与顺序无关。例如,G90、G17 可与 G01 放在同一程序段。

华中数控车床数控系统装置 G 功能指令见表 1.2.5(标※的为缺省值)。

表 1.2.5　G 指令及功能

G 代码	组	功能	参数(后续地址字)
G00 G01※ G02 G03	01	快速定位 直线插补 顺圆插补 逆圆插补	X,Z 同上 X,Z,I,K,R 同上
G04	00	暂停	P
G20 G21※	08	英寸输入 毫米输入	X,Z 同上
G28 G29	00	返回参考点 由参考点返回	
G32 G34	01	螺纹切削 攻丝切削	X,Z,R,E,P,F,I
G36※ G37	17	直径编程 半径编程	
G40※ G41 G42	09	刀尖半径补偿取消 左刀补 右刀补	 T T
G50※ G51	04	取消工件坐标系零点平移 工件坐标系零点平移	U,W
G53	00	直接机床坐标系编程	X,Z

续 表

G 代码	组	功能	参数（后续地址字）
G54 G55 G56 G57 G58 G59	11	坐标系选择	
G71 G72 G73 G74 G75 G76 G80 G81 G82	06	外径/内径车削复合循环 端面车削复合循环 闭环车削复合循环 端面深孔钻加工循环 外径切槽循环 螺纹切削复合循环 外径/内径车削固定循环 端面车削固定循环 螺纹切削固定循环	X, Z, U, W, C, P, Q, R, E X, Z, I, K, C, P, R, E
G90※ G91	13	绝对编程 相对编程	
G92	00	工件坐标系设定	X, Z
G94※ G95	14	每分钟进给 每转进给	
G96 G97※	16	恒线速度切削 取消恒线速度切削	S

（1）尺寸单位选择 G20、G21　格式：

G20
G21

G20 为英制输入制式；G21 为公制输入制式。G20、G21 为模态功能，可相互注销，G21 为缺省值。这两种制式下线性轴、旋转轴的尺寸单位见表 1.2.6 所示。

表 1.2.6 尺寸输入制式及其单位

	线性轴	旋转轴
英制(G20)	英寸	度
公制(G21)	毫米	度

(2) 进给速度单位的设定 G94、G95 格式：

G94[F_]；
G95[F_]；

G94 为每分钟进给；G95 为每转进给。G94 为每分钟进给。对于线性轴，F 的单位依 G20/G21 的设定而为 mm/min 或 in/min；对于旋转轴，F 的单位为°/min。G95 为每转进给，即主轴转一周时刀具的进给量。F 的单位依 G20/G21 的设定，为 mm/r 或 in/r。这个功能只在主轴装有编码器时才能使用。G94、G95 为模态功能，可相互注销，G94 为缺省值。

(3) 绝对值编程 G90 与相对值编程 G91 格式：

G90
G91

G90 为绝对值编程，每个编程坐标轴上的编程值是相对于工件坐标系原点的。G91 为相对值编程，每个编程坐标轴上的编程值是相对于前一位置而言的，该值等于沿轴移动的距离。绝对编程时，用 G90 指令后面的 X、Z 表示 X 轴、Z 轴的坐标值；相对编程时，用 U、W 或 G91 指令后面的 X、Z 表示 X 轴、Z 轴的增量值；G90、G91 为模态功能，可相互注销，G90 为缺省值。

选择合适的编程方式可使编程简化。当图纸尺寸由一个固定基准给定时，采用绝对方式编程较为方便；而当图纸尺寸是以轮廓顶点之间的间距给出时，采用相对方式编程较为方便。一般不推荐采用完全的相对编程方式。G90、G91 可用于同一程序段中，但要注意其顺序所造成的差异。

例3 绝对值和相对值编程

如图 1.2.7 所示,使用 G90、G91 编程:要求刀具由原点按顺序移动到 1、2、3、4 点,然后回到 1 点。程序见表 1.2.7。

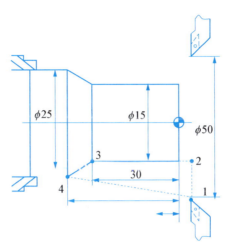

图 1.2.7　G90/G91 编程零件图

表 1.2.7　例3程序

绝对编程	相对编程	混合编程
%0003	%0003	%0003
N10 T0101	N10 T0101	N10 T0101
N20 M03 S1000	N20 G91 M03 S1000	N20 M03 S1000
N30 G00 X50 Z2	N30 G01 X-35(Z0)F100	N30 G00 X50 Z2
N40 G01 X15(Z2)F100	N40 (X0) Z-32	N40 G01 X15(Z2)F100
N50 (X15) Z-30	N50 X10 Z-10	N50 Z-30
N60 X25 Z-40	N60 X25 Z42	N60 U10 Z-40
N70 X50 Z2	N70 M05	N70 X50 W42
N80 M05	N80 M30	N80 M05
N90 M30		N90 M30

（4）坐标系设定 G92　格式：

G92 X_Z_

X、Z 是对刀点在要建立的工件坐标系中的坐标值。当执行 G92 X_Z_ 指令后，系统内部即记忆(α，β)坐标值，并建立一个使刀具当前点坐标值为(α，β)的工件坐标系。执行该指令只建立工件坐标系，刀具并不产生运动。G92 指令为非模态指令，执行该指令时，若刀具当前点恰好在工件坐标系的(α，β)坐标点上，即刀具当前点在对刀点位置上，此时建立的坐标系即为工件坐标系，加工原点与程序原点重合。若刀具当前点不在工件坐标系的(α，β)坐标点上，则加工原点与程序原点不一致，加工出的产品就有误差或报废，甚至出现危险。因此，执行该指令时刀具当前点必须恰好在对刀点上即工件坐标系的(α，β)坐标点上。由上可知要正确加工，加工原点与程序原点必须一致，故编程时加工原点与程序原点考虑为同一点。实际操作时怎样使两点一致，由操作时对刀完成。

例 4　工件坐标系建立

如图 1.2.8 所示，设定坐标系。当以工件左端面为工件原点时，应按以下方式建立工件坐标系：

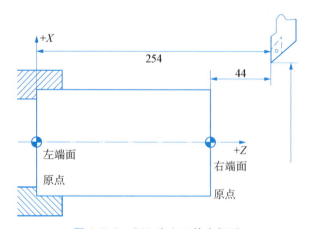

图 1.2.8　G92 建立工件坐标系

```
G92 X180 Z254;
```

当以工件右端面为工件原点时,应按以下方式建立工件坐标系:

```
G92 X180 Z44;
```

显然,当 α、β 不同,或改变刀具位置时,即刀具当前点不在对刀点位置上,则加工原点与程序原点不一致。因此,在执行程序段 G92 XαZβ 前,必须先对刀。

G92 指令中的 X、Z 值就是对刀点在工件坐标系下的坐标值。其选择的一般原则为:①方便数学计算和简化编程;②容易找正对刀;③便于加工检查;④引起的加工误差较小;⑤不要与机床、工件发生碰撞;⑥方便拆卸工件;⑦空行程不要太长。

以下 3 种情况,数控系统失去了对机床参考点的记忆,因此建立工件坐标系前必须使刀架重新返回参考点:①数控车床关机以后重新接通电源开关时;②数控车床解除急停状态后;③数控车床超程报警信号解除之后。

(5)坐标系选择 G54～G59 格式:

```
G00/G01   X_Z_
```

G54～G59 系统预定的 6 个工件坐标系,如图 1.2.9 所示,可根据需要任意选用。这 6 个预定工件坐标系的原点在机床坐标系中的坐标值(工件零点偏置值)可用 MDI 方式输入,系统自动记忆。原点坐标值必须准确无误,否则加工出的产品就有误差或报废,甚至发生事故。工件坐标系一旦选定,后续程序段中绝对值编程时的指令值均为相对此工件坐标系原点的值。G54～G59 为模态功能,可相互注销,G54 为缺省值。

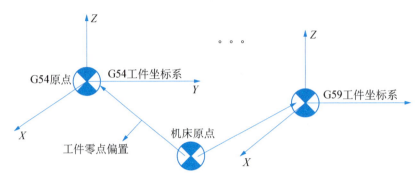

图 1.2.9 工件坐标系选择（G54～G59）

例 5 工件坐标系选择

如图 1.2.10 所示，使用工件坐标系编程，要求刀具从当前点移动到 A 点，再从 A 点移动到 B 点。程序见表 1.2.8。

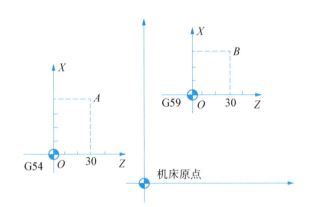

图 1.2.10 选择工件坐标系编程

表 1.2.8 例 5 程序

程序名：O0005		
程序段号	程序内容	程序说明
	%0005	
N10	G54 G00 G90 X40 Z30	选择 G54 工件坐标系，A 点坐标(40,30)
N20	G59 G00 X30 Z30	选择 G59 工件坐标系，B 点坐标(30,30)
N30	M30	

注意 ① 使用该组指令前,先用 MDI 方式输入各坐标系的坐标原点在机床坐标系中的坐标值。

② 使用该组指令前,必须先回参考点。

例 6　工件坐标系选择

如图 1.2.11 所示,一次装夹加工多个相同零件。结合工件坐标系选择指令和调用子程序指令编程,可以简化编程和对刀工作。主程序(程序号％0006)为选择工件坐标系,子程序(程序号％0007)为零件加工程序。程序见表 1.2.9。

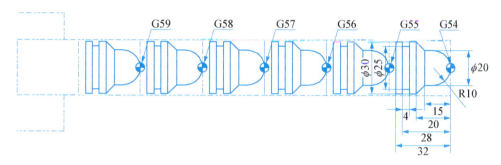

图 1.2.11　例 6 零件图

表 1.2.9　例 6 主程序

程序段号	程序内容	程序说明
	％0006	主程序号
N10	G54	加工第 1 个零件,选择此零件右端面与轴线交点为程序原点
N20	M98 P0007	调用子程序(％0007)加工第 1 个零件
N30	G55	加工第 2 个零件,选择此零件右端面与轴线交点为程序原点
N40	M98P100	调用子程序(％0007)加工第 2 个零件
N50	G56	加工第 3 个零件,选择此零件右端面与轴线交点为程序原点
N60	M98P100	调用子程序(％0007)加工第 3 个零件
N70	G57	加工第 4 个零件,选择此零件右端面与轴线交点为程序原点

续 表

程序段号	程序内容	程序说明
N80	M98P100	调用子程序(%0007)加工第4个零件
N90	G58	加工第5个零件,选择此零件右端面与轴线交点为程序原点
N100	M98P100	调用子程序(%0007)加工第5个零件
N110	G59	加工第6个零件,选择此零件右端面与轴线交点为程序原点
N120	M98P100	调用子程序(%0007)加工第6个零件
N130	M30	程序结束并返回起点

注意 G92指令与G54～G59指令都是用于设定工件坐标系的,但它们是有区别的:

① G92指令是通过程序来设定工件坐标系的,G92所设定的加工坐标原点是与当前刀具所在位置有关的,这一加工原点在机床坐标系中的位置是随当前刀具位置的不同而改变的。G54～G59指令是通过MDI在设置参数方式下设定工件坐标系的,一经设定,工件坐标原点在机床坐标系中的位置是不变的,与刀具的当前位置无关,除非再通过MDI方式更改。

② G92指令程序段只是设定工件坐标系,而不产生任何动作;G54～G59指令程序段则可与G00、G01指令组合,在选定的工件坐标系中进行位移。

(6) 直接机床坐标系编程G53　在含有G53的程序段中,绝对值编程时的指令值是在机床坐标系中的坐标值。其为非模态指令,该指令一般很少使用。

(7) 直径方式编程G36和半径方式编程G37　格式:

```
G36
G37
```

数控车床的工件外形通常是旋转体,其X轴尺寸可以用两种方式指定:G36使用直径方式编程,G37使用半径方式编程。G36为缺省值,机床出厂一般设为直径编程(本书例题中,未经说明均为直径方式编程)。

注意 当系统参数设置为直径时,则直径编程为缺省状态,但程序中可用 G36、G37 指令改变编程状态,同时系统界面的显示值为直径值;当系统参数设置为半径时,则半径编程为缺省状态,但程序中可用 G37、G36 指令改变编程状态,同时系统界面的显示值为半径值。

例 7 直径值和半径值编程

按同样的轨迹分别用直径、半径方式编程,加工图 1.2.12 所示零件。程序见表 1.2.10。

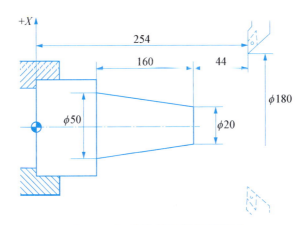

图 1.2.12 G36/G37 编程零件图

表 1.2.10 例 7 程序

直径编程	半径编程	混合编程
%0007	%0007	%0007
N10 G92 X180 Z254	N10 G37 M03 S1000	N10 T0101
N20 M03 S1000	N20 G54 G00 X90 Z254	N20 M03 S1000
N30 G01 X20 W-44 F100	N30 G01 X10 W-44 F100	N30 G37G00 X90 Z254
N40 U30 Z50	N40 U15 Z50	N40 G01 X10 W-44 F100
N50 G00 X180 Z254	N50 G00 X90 Z254	N50 G36 U30 Z50
N60 M30	N60 M30	N60 G00 X180 Z254
		N70 M30

(8) 工件坐标系零点平移 G51、G50　格式：

G51 U_W_；
G50；

G51 是工件坐标系零点平移指令，U、W 分别是 X 轴和 Z 轴的平移增量；G50 是取消工件坐标系平移指令。G51 只增量平移以 T 指令和 G54～G59 建立的当前工件坐标系的零点。工件坐标系平移值遇到 T 指令或 G54～G59 指令后才起作用。G50 取消坐标系平移也是遇到 T 指令或 G54～G59 指令后才起作用。

(9) 自动返回参考点 G28　格式：

G28 X_Z_

G28 指令首先使所有的编程轴都快速定位到中间点，然后再从中间点返回到参考点。X、Z 是绝对编程时中间点在工件坐标系中的坐标；U、W 是增量编程时中间点相对于起点的位移量。G28 指令一般用于刀具自动更换或者消除机械误差，在执行该指令之前应取消刀尖半径补偿。在 G28 的程序段中不仅产生坐标轴移动指令，而且记忆了中间点坐标值，供 G29 使用。电源接通后，在没有手动返回参考点的状态下，指定 G28 时，从中间点自动返回参考点，与手动返回参考点相同。这时从中间点到参考点的方向就是机床参数"回参考点方向"设定的方向。G28 指令仅在其被规定的程序段中有效。

(10) 自动从参考点返回 G29　格式：

G29 X_Z_

G29 可使所有编程轴以快速进给，经过由 G28 指令定义的中间点，然后再到达指定点。X、Z 是绝对编程时定位终点在工件坐标系中的坐标；U、W 是增量编程时定位终点相对于 G28 中间点的位移量。G29 指令通常紧跟在 G28 指令之后。G29 指令仅在其被规定的程序段中有效。

例8 自动返回参考点和从参考点返回编程

如图 1.2.13 所示路径,要求由点 A 经过中间点 B 返回参考点,然后从参考点经由中间点 B 返回到点 C。程序见表 1.2.11。

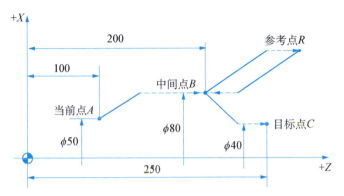

图 1.2.13 G28/G29 编程例题

表 1.2.11 例 8 程序

程序名:O0008

程序段号	程序内容	程序说明
	%0008	
N10	T0101	设立坐标系,选1号刀
N20	G00 X50 Z100	移到起始点 A 的位置,即对刀点
N30	G28 X80 Z200	从 A 点到达 B 点再快速移动到参考点
N40	G29 X40 Z250	从参考点 R 经中间点 B 到达目标点 C
N50	G00 X50Z100	回对刀点
N60	M30	

注意 编程员不必计算从中间点到参考点的实际距离。

(11) 暂停指令 G04　格式:

G04 P_

P 是暂停时间,单位为秒(s)。G04 可使刀具短暂停留,以获得圆整而光滑的表面。该指令除用于切槽、钻镗孔外,还可用于拐角轨迹控制。G04 在前一程序段的进给速度降到零之后才开始暂停动作。在执行含 G04 指令的程序段时,先执行暂停功能。G04 为非模态指令,仅在其被规定的程序段中有效。

(12) 快速定位 G00　格式:

G00 X(U)_Z(W)_

X、Z 为绝对编程时,快速定位终点在工件坐标系中的坐标;U、W 为增量编程时,快速定位终点相对于起点的位移量。

G00 指令是线性插补定位,刀具以不大于每一个轴的快速移动速度,在最短的时间内定位。G00 指令中的快移速度由机床参数"快移进给速度"对各轴分别设定,不能用 F 规定。G00 一般用于加工前快速定位或加工后快速退刀。快移速度可由面板上的"快速修调"按钮修正。G00 为模态功能,可由 G01、G02、G03 或 G32 功能注销。

注意　在执行 G00 指令时,由于各轴以各自速度移动,不能保证各轴同时到达终点,因而联动直线轴的合成轨迹不一定是直线。须格外小心,以免刀具与工件发生碰撞。

(13) 线性进给 G01　格式:

G01 X(U)_ Z(W)_ F_;

X、Z 为绝对编程时终点在工件坐标系中的坐标;U、W 为增量编程时终点相对于起点的位移量;F 为合成进给速度。

G01 指令刀具以联动的方式,按 F 规定的合成进给速度,从当前位置按线性路线(联动直线轴的合成轨迹为直线)移动到程序段指令的终点。G01 指令是线性插补定位,它的刀具轨迹与直线插补(G00)相同。G01 是模态代码,可由 G00、G02、G03 或 G32 功能注销。

例 9 直线插补指令编程

如图 1.2.14 所示,用直线插补指令编程。程序见表 1.2.12。

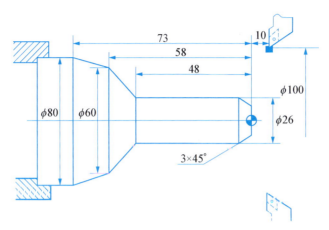

图 1.2.14 G01 编程例题

表 1.2.12 例 9 程序

程序名:O0009

程序段号	程序内容	程序说明
	%0009	程序号
N10	T0101	设立坐标系,选 1 号刀
N20	M03 S1000	主轴正转,转速 1000 r/min
N30	G00 X100 Z10	定义对刀点的位置
N40	G00 X16 Z2	移到倒角延长线,Z 轴 2 mm 处
N50	G01 U10 W-5 F100	倒 3×45°角
N60	Z-48	加工 φ26 外圆
N70	U34 W-10	加工第一段锥
N80	U20 Z-73	加工第二段锥
N90	X90	退刀
N100	G00 X100 Z10	回对刀点

续 表

程序段号	程序内容	程序说明
N110	M05	主轴停
N120	M30	程序结束并返回起点

（14）圆弧进给 G02、G03　格式：

G02 X(U)_Z(W)_I_K_F_ 或 G02X(U)_Z(W)_R_F_
G03 X(U)_Z(W)_I_K_F_ 或 G03X(U)_Z(W)_R_F_

G02/G03 指令，刀具是按顺时针/逆时针进行圆弧加工，G02 是顺时针圆弧插补，G03 是逆时针圆弧插补。圆弧插补 G02/G03 的判断，是在加工平面内，根据其插补时的旋转方向为顺时针、逆时针来区分的。加工平面为观察者迎着 Y 轴的指向，所面对的平面，如图 1.2.15 所示。

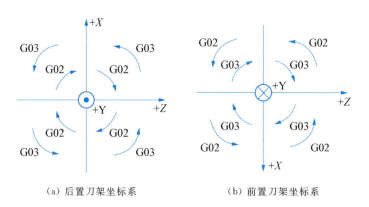

(a) 后置刀架坐标系　　(b) 前置刀架坐标系

图 1.2.15　G20/G03 插补方向

X、Z 是绝对编程时，圆弧终点在工件坐标系中的坐标；U、W 是增量编程时，圆弧终点相对于圆弧起点的位移量；I、K 是圆心相对于圆弧起点的增加量(等于圆心的坐标减去圆弧起点的坐标)，在绝对、增量编程时都是以增量方式指定，在直径、半径编程时 I 都是半径值；R 是圆弧半径，当圆弧圆心角小于 180°时，R 为正值，否则 R 为负值，同时编入 R 与 I、K 时，R 有效；F 是被编程的两个轴的合成进给速度。具体如图 1.2.16 所示。

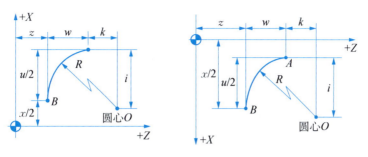

图 1.2.16 G20/G03 参数说明

例 10 圆弧插补指令编程

如图 1.2.17 所示,用圆弧插补指令编程。程序见表 1.2.13。

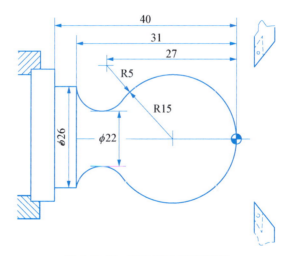

图 1.2.17 G02/G03 编程例题

表 1.2.13 例 10 程序

程序名:O0010		
程序段号	程序内容	程序说明
	%0010	程序号
N10	T0101	设立坐标系,选1号刀

续 表

程序段号	程序内容	程序说明
N20	G00 X40 Z5	移到对刀点位置
N30	M03 S1000	主轴以 1000 r/min 正转
N40	G00 X0	快速定位到工件轴线
N50	G01 Z0 F100	工进接触工件毛坯右端面中心
N60	G03 U24 W-24 R15	加工 R15 圆弧段（逆圆）
N70	G02 X26 Z-31 R5	加工 R5 圆弧段（顺圆）
N80	G01 Z-40	加工 $\phi26$ 外圆
N90	X40	退刀
N100	G00 Z5	快速回对刀点
N110	M05	主轴停
N120	M30	程序结束并返回起点

（15）恒线速度指令 G96、G97　格式：

G96 S

G46 X_ P_

G97 S

在上述格式中，G96 指令限定刀具以恒线速度切削，S 值为切削的恒定线速度(m/min)；G46 指令用来限定极限转速，只在恒线速度功能有效时才有效，X 为恒线速时主轴最低速限定(r/min)，P 为恒线速时主轴最高速限定(r/min)；G97 指令用来取消恒线速度功能，后面的 S 值为取消恒线速度后，指定的主轴转速(r/min)；如缺省，则为执行 G96 指令前的主轴转速。

注意　① 使用恒线速度功能时，主轴必须能自动变速（如伺服主轴、变频主轴）；

② 须在系统参数中设定主轴最高限速。

例 11　用恒线速度指令编程

如图 1.2.17 所示，用恒线速度功能编程。程序见表 1.2.14。

表 1.2.14　例 11 程序

程序名:O0011

程序段号	程序内容	程序说明
	%0011	程序号
N10	T0101	设立坐标系,选 1 号刀
N20	G00 X40 Z5	移到对刀点位置
N30	M03 S1000	主轴以 1000 r/min 正转
N40	G96 S60	恒线速度有效,线速度为 60 m/min
N50	N5 G46 X600 P1200	限定主轴转速范围:600～1200 r/min
N60	G00 X0	快速定位到工件轴线
N70	G01 Z0 F100	工进接触工件毛坯右端面中心
N80	G03 U24 W-24 R15	加工 R15 圆弧段(逆圆)
N90	G02 X26 Z-31 R5	加工 R5 圆弧段(顺圆)
N100	G01 Z-40	加工 φ26 外圆
N110	X40	退刀
N120	G00 Z5	快速回对刀点
N130	G97	取消恒线速度,恢复主轴转速 460 r/min
N140	M05	主轴停
N150	M30	程序结束并返回起点

(16) 倒角加工 C、R　直线后倒直角格式:

G01 X(U)_Z(W)_C_;

该指令用于直线后倒直角,如图 1.2.18 所示,指令刀具从 A 点到 B 点;然后到 C 点。X、Z 是绝对编程时,未倒角前两相邻程序段轨迹的交点 G 的坐标值;U、W 是增量编程时,为 G 点相对于起始直线轨迹的始点 A 点的移动距离。C 是倒角终点 C,相对于相邻两直线的交点 G 的距离。

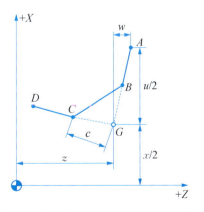

图 1.2.18　直线后倒直角参数说明

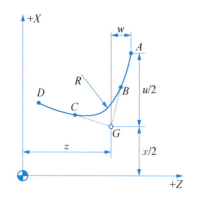

图 1.2.19 直线后倒圆角参数说明

直线后倒圆角格式：

G01 X(U)_ Z(W)_ R_ ;

该指令用于直线后倒圆角，如图 1.2.19 所示，指令刀具从 A 点到 B 点，然后到 C 点。X、Z 是绝对编程时，未倒角前两相邻程序段轨迹的交点 G 的坐标值；U、W 是增量编程时，G 点相对于起始直线轨迹的始点 A 点的移动距离；R 是倒角圆弧的半径值。

例 12　倒角指令编程

如图 1.2.20 所示，用倒角指令编程。程序见表 1.2.15。

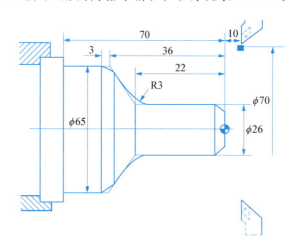

图 1.2.20　倒角指令编程例题

表 1.2.15　例 12 程序

	程序名：O0012	
程序段号	程序内容	程序说明
	%0012	程序号
N10	T0101	设立坐标系，选 1 号刀
N20	G00 X70 Z10	移到对刀点位置

续 表

程序段号	程序内容	程序说明
N30	M03 S500	主轴以 500 r/min 正转
N40	G00 U-70	从对刀点,快速定位到工件轴线处
N50	G01 W-10 F100	工进到工件右端面中心
N60	U26 C3	倒 3×45°直角
N70	W-22 R3	倒 R3 圆角
N80	U39 W-14 C3	倒边长为 3 的等腰直角
N90	W-34	加工 φ65 外圆
N100	G00 X70 Z10	回到对刀点
N110	M05	主轴停
N120	M30	程序结束并返回起点

圆弧后倒直角格式:

G02/G03 X(U)_Z(W)_R_RL=_;

该指令用于圆弧后倒直角,如图 1.2.21 所示,指令刀具从 A 点到 B 点,然后到 C 点。X、Z 是绝对编程时,未倒角前圆弧终点 G 的坐标值;U、W 是增量编程时,G 点相对于圆弧始点 A 点的移动距离。R 是圆弧的半径值;RL 是倒角终点 C 相对于未倒角前圆弧终点 G 的距离。

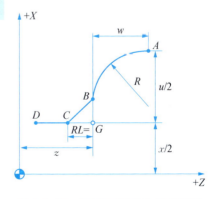

图 1.2.21 圆弧后倒直角参数说明

圆弧后倒圆角格式:

G02/G03 X(U)_Z(W)_ R_RC=_;

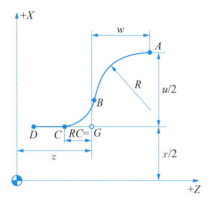

图 1.2.22 圆弧后倒圆角参数说明

该指令用于圆弧后倒圆角,如图 1.2.22 所示,指令刀具从 A 点到 B 点,然后到 C 点。X、Z 是绝对编程时,未倒角前圆弧终点 G 的坐标值;U、W 是增量编程时,为 G 点相对于圆弧始点 A 点的移动距离;R 是圆弧的半径值;RC 是倒角圆弧的半径值。

例 13　倒角指令编程

如图 1.2.23 所示,用倒角指令编程。程序见表 1.2.16。

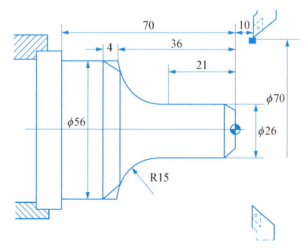

图 1.2.23 倒角指令编程例题

表 1.2.16　例 13 程序

程序名:O0013		
程序段号	程序内容	程序说明
	%0013	程序号
N10	T0101	设立坐标系,选 1 号刀
N20	G00 X70 Z10	移到对刀点位置

续 表

程序段号	程序内容	程序说明
N30	M03 S500	主轴以 500 r/min 正转
N40	G00 U-70	从对刀点,快速定位到工件轴线处
N50	G01 W-10 F100	工进到工件右端面中心
N60	U26 C3	倒 3×45°直角
N70	W-22 R3	倒 R3 圆角
N80	U39 W-14 C3	倒边长为 3 的等腰直角
N90	Z-21	加工 $\phi26$ 外圆
N100	G02 U30 W-15 R15 RL=4	加工 R15 圆弧,并倒边长为 4 的直角
N110	G01 Z-70	加工 $\phi56$ 外圆
N120	U4	退刀,离开工件
N130	G00 X70 Z10	返回对刀点位置
N140	M05	主轴停
N150	M30	程序结束并返回起点

注意 ① 在螺纹切削程序段中不得出现倒角控制指令。

② X、Z 轴指定的移动量比指定的 R 或 C 小时,系统将报警,即 GA 长度必须大于 GB 长度(见图 1.2.18 和图 1.2.19)。

③ RL=、RC=,必须大写。

(17) 内(外)径切削循环 G80　圆柱面内(外)径切削循环格式:

G80 X(U)_ Z(W)_ F_;

X、Z 是绝对值编程时,切削终点 C 在工件坐标系下的坐标;U、W 是增量值编程时,切削终点 C 相对于循环起点 A 的有向距离,其符号由轨迹 1 和 2 的方向确定。该指令执行如图 1.2.24 所示 A→B→C→D→A 的轨迹动作。

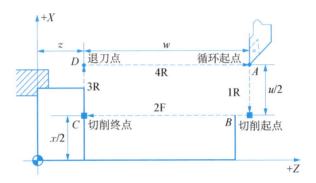

图 1.2.24　圆柱面内(外)径切削循环轨迹

圆锥面内(外)径切削循环格式：

G80 X(U)_ Z(W)_ I_ F _;

X、Z 是绝对值编程时，切削终点 C 在工件坐标系下的坐标；U、W 是增量值编程时，切削终点 C 相对于循环起点 A 的有向距离；I 是切削起点 B 与切削终点 C 的半径差，其符号为差的符号（无论是绝对值编程还是增量值编程）。该指令执行如图 1.2.25 所示 A→B→C→D→A 的轨迹动作。

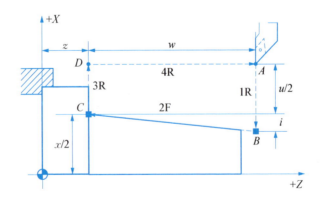

图 1.2.25　圆锥面内(外)径切削循环轨迹

例 14　圆锥面外径切削循环编程

如图 1.2.26 所示，用 G80 指令编程，点画线代表毛坯。程序见表 1.2.17。

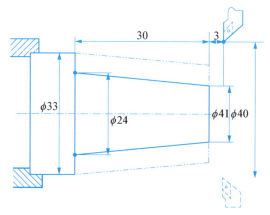

图 1.2.26 G80 编程例题

表 1.2.17 例 14 程序

程序名:O0014

程序段号	程序内容	程序说明
	%0014	
N10	T0101	
N20	G00 X40 Z3	移到对刀点位置
N30	M03 S1000	主轴以 1000 r/min 正转
N40	G80 X30 Z-30 I-5.5 F100	加工第一次循环,吃刀深 3 mm
N50	X27 Z-30 I-5.5	加工第二次循环,吃刀深 3 mm
N60	X24 Z-30 I-5.5	加工第三次循环,吃刀深 3 mm
N70	M05	主轴停
N80	M30	程序结束并返回起点

(18) 内(外)径粗车复合循环 G71　无凹槽内(外)径粗车复合循环格式:

G71 U(Δd) R(r) P(ns) Q(nf) X(Δx) Z(Δz) F(f);

G71 指令用来执行如图 1.2.27 所示的粗加工,并且刀具回到循环起点。

精加工路径为 $A \to A' \to B' \to B$ 的轨迹按后面的指令循序执行。Δd 是切削深度(每次切削量),指定时不加符号,方向由矢量 AA' 决定;r 是每次退刀量;ns 是精加工路径第一程序段(即图中的 AA')的顺序号;nf 是精加工路径最后程序段(即图中的 $B'B$)的顺序号;Δx 是 X 方向精加工余量,加工外径时为正,加工内径时为负;Δz 是 Z 方向精加工余量;f 是切削速度,粗加工时 G71 指令行中给定的 F 值有效,精加工时,在 ns 到 nf 程序段之间设定的 F 值有效,如果没有设定则按照粗加工的 F 值执行。

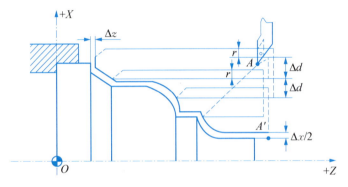

图 1.2.27　无凹槽内(外)径粗车复合循环轨迹

注意　① G71 指令必须带有 P、Q 地址 ns、nf,且与精加工路径起、止段顺序号对应,否则不能循环加工。

② ns 的程序段必须为 G00/G01 指令,即从 A 到 A' 的动作必须是直线或点定位运动。

有凹槽内(外)径粗车复合循环格式:

G71 U(Δ d) R(r) P(ns) Q(nf) E(e) F(f);

G71 指令用来加工有凹槽的内(外)径,循环轨迹如图 1.2.28 所示,e 是精加工余量,为 X 方向的等高距离,外径切削时为正,内径切削时为负。

注意　毛坯粗加工余量较大时,建议使用 G71 指令编程,相比 G80 指令可有效提高加工效率,具体例题在下篇(实训篇)讲解。

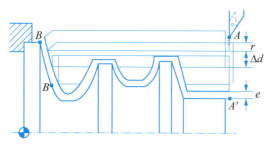

图 1.2.28 有凹槽内(外)径粗车复合循环轨迹

(19) 端面切削循环 G81 端平面切削循环格式：

G81 X(U)_Z(W)_ F_;

X、Z 是绝对值编程时，切削终点 C 在工件坐标系下的坐标；U、W 是增量值编程时，切削终点 C 相对于循环起点 A 的有向距离，其符号由轨迹 1 和 2 的方向确定。该指令执行如图 1.2.29 所示 A→B→C→D→A 的轨迹动作。

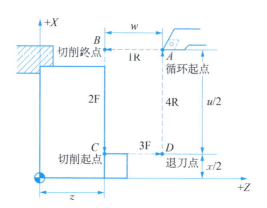

图 1.2.29 端平面切削循环轨迹

端锥面切削循环格式：

G81 X(U)_Z(W)_ K _ F_;

X、Z 是绝对值编程时,切削终点 C 在工件坐标系下的坐标;U、W 是增量值编程时,切削终点 C 相对于循环起点 A 的有向距离,其符号由轨迹 1 和 2 的方向确定;K 是切削起点 B 相对于切削终点 C 的 Z 向有向距离。该指令执行如图 1.2.30 所示 A→B→C→D→A 的轨迹动作。

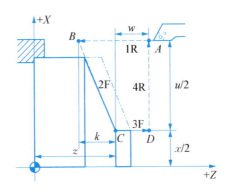

图 1.2.30　端锥面切削循环轨迹

例 15　圆锥端面切削循环编程

如图 1.2.31 所示,用 G81 指令编程,点画线代表毛坯。程序见表 1.2.18。

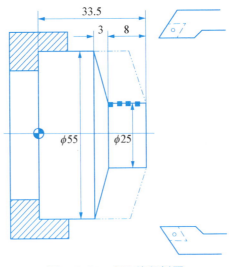

图 1.2.31　G81 编程例题

表 1.2.18　例 15 程序

程序名:O0015

程序段号	程序内容	程序说明
	%0015	
N10	T0101	
N20	G00 X60 Z40	移到对刀点位置
N30	M03 S600	主轴以 600 r/min 正转
N40	G81 X25 Z31.5 K-4 F100	加工第一次循环,吃刀深 2 mm,K 值为 −4
N50	X25 Z29.5 K-4	加工第二次循环,吃刀深 2 mm
N60	X25 Z27.5 K-4	加工第三次循环,吃刀深 2 mm
	X25 Z25.5 K-4	加工第四次循环,吃刀深 2 mm
N70	M05	主轴停
N80	M30	程序结束并返回起点

(20) 端面粗车复合循环 G72　格式:

G71 W(Δd) R(r) P(ns) Q(nf) X(Δx) Z(Δz) F(f);

G72 用来执行如图 1.2.32 所示的粗加工,并且刀具回到循环起点。精加工路径为 A→A′→B′→B 的轨迹按后面的指令循序执行。Δd 是切削深

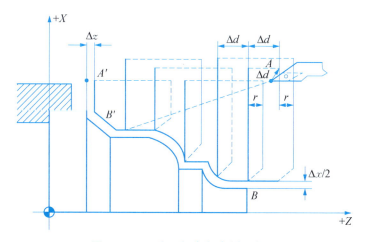

图 1.2.32　端面粗车复合循环轨迹

度(每次切削量),指定时不加符号,方向由矢量 AA' 决定;r 是每次退刀量;ns 是精加工路径第一程序段(即图中的 AA')的顺序号;nf 是精加工路径最后程序段(即图中的 $B'B$)的顺序号;△x 是 X 方向精加工余量,加工外径时为正,加工内径时为负;△z 是 Z 方向精加工余量;f 是切削速度,粗加工时 G72 指令行中给定的 F 值有效,精加工时,在 ns 到 nf 程序段之间设定的 F 值有效,如果没有设定则按照粗加工的 F 值执行。

注意 G72 指令与 G71 指令的区别仅在于切削方向平行于 X 轴。

(21) 螺纹切削 G32　格式:

G32 X(U)＿ Z(W)＿ R＿ E＿ P＿ F ＿;

使用 G32 指令能加工圆柱螺纹、锥螺纹和端面螺纹。X、Z 是绝对编程时,有效螺纹终点在工件坐标系中的坐标;U、W 是增量编程时,有效螺纹终点相对于螺纹切削起点的位移量;F 是螺纹导程,即主轴每转一圈,刀具相对于工件的进给值;R、E 是螺纹切削的退尾量,R 为 Z 向退尾量,E 为 X 向退尾量,R、E 在绝对或增量编程时都是以增量方式指定,其值为正表示沿 Z、X 轴正向回退,其值为负表示沿 Z、X 轴负向回退。根据螺纹标准,R 一般取 0.75～1.75 倍的螺距,E 取螺纹的牙型高。R、E 必须同时指定。使用 R、E 可免去事先加工退刀槽,若已有退刀槽,R、E 也可以省略,表示不用回退功能。P 是主轴基准脉冲处距离螺纹切削起始点的主轴转角,若是单线螺纹,起始角一般定为 0,则 P 可省略,图 1.2.33 所示为三线螺纹 3 个起始角的分配。

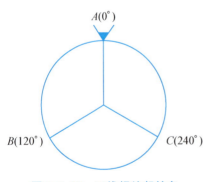

图 1.2.33　三线螺纹起始角

图 1.2.34 所示为锥螺纹切削时各参数的意义。

螺纹车削加工为成型车削,且切削进给量较大,如果刀具强度较差,一般要求分数次进给加工。表 1.2.19 列出了常用螺纹切削的进给次数与吃刀量。

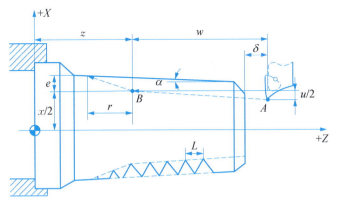

图 1.2.34 锥螺纹切削参数

表 1.2.19 常用螺纹切削的进给次数与吃刀量

米制螺纹								
螺距		1.0	1.5	2	2.5	3	3.5	4
牙深（半径量）		0.649	0.974	1.299	1.624	1.949	2.273	2.598
切削次数及吃刀量（直径值）	1次	0.7	0.8	0.9	1.0	1.2	1.5	1.5
	2次	0.4	0.6	0.6	0.7	0.7	0.7	0.8
	3次	0.2	0.4	0.6	0.6	0.6	0.6	0.6
	4次		0.16	0.4	0.4	0.4	0.6	0.6
	5次			0.1	0.4	0.4	0.4	0.4
	6次				0.15	0.4	0.4	0.4
	7次					0.2	0.2	0.4
	8次						0.15	0.3
	9次							0.2

注意 ① 从螺纹粗加工到精加工，主轴的转速必须保持一常数。

② 在没有停止主轴的情况下，停止螺纹的切削将非常危险，因此螺纹切削时进给保持功能无效。按下进给保持按键，刀具在加工完螺纹后停止运动。

③ 在螺纹加工中不使用恒定线速度控制功能。

④ 在螺纹加工轨迹中应设置足够的升速进刀段 δ 和降速退刀段 δ'，以消除伺服滞后造成的螺距误差，一般 $\delta=(1\sim2)P$，$\delta'=1/2\delta$。

例 16　圆柱螺纹编程

加工如图 1.2.35 所示的圆柱螺纹，螺纹导程为 1.5 mm，每次吃刀量分别为 0.8 mm、0.6 mm、0.4 mm、0.16 mm。仅示范螺纹加工部分程序的编制，程序见表 1.2.20。

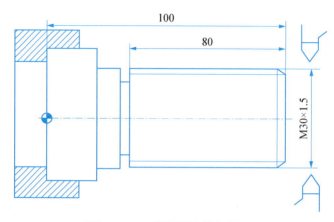

图 1.2.35　圆柱螺纹编程例题

表 1.2.20　例 16 程序

程序名：O0016

程序段号	程序内容	程序说明
	%0016	
N10	T0303	设立坐标系，选 3 号螺纹刀
N20	G00 X32 Z110	移到起刀点位置
N30	M03 S500	主轴以 500 r/min 正转
N40	G00 X29.2 Z102	快速定位到螺纹切削起点，升速段 $\delta=2$ mm，吃刀量为 0.8 mm
N50	G32 Z19 F1.5	定义螺纹切削终点，降速段 $\delta'=1$ mm，切削螺纹

续 表

程序段号	程序内容	程序说明
N60	G00 X32	X 轴方向退刀
N70	Z102	Z 轴方向快速退到螺纹切削起点处
N80	X28.6	X 轴方向快进到螺纹切削起点处,吃刀量为 0.6 mm
N90	G32 Z19 F1.5	切削螺纹到终点
N100	G00 X32	X 轴方向退刀
N110	Z102	Z 轴方向快速退到螺纹切削起点处
N120	X28.2	X 轴方向快进到螺纹切削起点处,吃刀深 0.4 mm
N130	G32 Z19 F1.5	切削螺纹到终点
N140	G00 X32	X 轴方向退刀
N150	Z102	Z 轴方向快退到螺纹切削起点处
N160	X28.04	X 轴方向快进到螺纹起点处,吃刀深 0.16 mm
N170	G32 Z19 F1.5	切削螺纹到终点
N180	G00 X32	X 轴方向退刀
N190	X80 Z200	返回换刀点
N200	M05	主轴停
N210	M30	程序结束并返回起点

(22) 螺纹切削循环 G82   直螺纹切削循环格式:

G82 X(U)_ Z(W)_ R _ E _ C _ P _ F_;

X、Z 是绝对值编程时,螺纹终点 C 在工件坐标系下的坐标;U、W 是增量值编程时,为螺纹终点 C 相对于循环起点 A 的有向距离,其符号由轨迹 1 和 2 的方向确定;R、E 是螺纹切削的退尾量,R、E 均为向量,R 为 Z 向回退量,E 为 X 向回退量,R、E 可以省略,表示不用回退功能;C 是螺纹头数,切削单头螺纹时为 0 或 1;P 在单头螺纹切削时,是主轴基准脉冲处距离切削起始点的主轴转角(缺省值为0),多头螺纹切削时,为相邻螺纹头的切削起始点之间对应的主轴转角;F是螺纹导程。该指令执行图1.2.36所示A→B→C→D→E→A的轨迹动作。

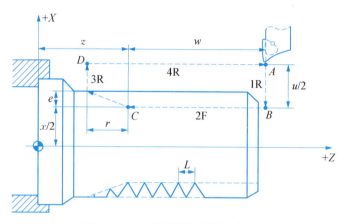

图1.2.36 直螺纹切削循环轨迹

锥螺纹切削循环格式:

G82 X(U)_ Z(W)_I_R_E_C_P_F_;

说明:X、Z是绝对值编程时,螺纹终点C在工件坐标系下的坐标;U、W是增量值编程时,为螺纹终点C相对于循环起点A的有向距离,其符号由轨迹1和2的方向确定;I是螺纹起点B与螺纹终点C的半径差,其符号为差的符号(无论是绝对值编程还是增量值编程);R、E是螺纹切削的退尾量,均为向量,R为Z向回退量,E为X向回退量,R、E可以省略,表示不用回退功能;C是螺纹头数,切削单头螺纹时为0或1;P在单头螺纹切削时,是主轴基准脉冲处距离切削起始点的主轴转角(缺省值为0),多头螺纹切削时,为相邻螺纹头的切削起始点之间对应的主轴转角;F是螺纹导程。该指令执行图1.2.37所示A→B→C→D→E→A的轨迹动作。

例17 圆柱螺纹切削循环编程

用G82指令加工如图1.2.35所示的圆柱螺纹。程序见表1.2.21。

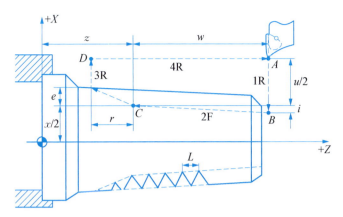

图 1.2.37 锥螺纹切削循环轨迹

表 1.2.21 例 17 程序

程序名:O0017

程序段号	程序内容	程序说明
	%0017	
N10	T0303	设立坐标系,选 3 号螺纹刀
N20	G00 X32 Z110	移到起刀点位置
N30	M03 S500	主轴以 500 r/min 正转
N40	G82 X29.2 Z18.5 F1.5	第一次循环切螺纹,切深 0.8 mm
N50	G82 X28.6 Z18.5 F1.5	第二次循环切螺纹,切深 0.6 mm
N60	G82 X28.2 Z18.5 F1.5	第三次循环切螺纹,切深 0.4 mm
N70	G82 X28.04 Z18.5 F1.5	第四次循环切螺纹,切深 0.16 mm
N80	G00 X80 Z200	返回换刀点
N90	M05	主轴停
N100	M30	程序结束并返回起点

可见,加工螺纹选用 G82 指令相比 G32 指令使程序更加简洁高效。G32 和 G82 指令均采用直进方式加工螺纹。

(23) 螺纹切削复合循环 G76 格式:

G76 C(c)R(r)E(e)A(a)X(x)Z(z)I(i)K(k)U(d)V(Δdmin)Q(Δd)P(p)F(L);

螺纹切削固定循环 G76 执行如图 1.2.38 所示的加工轨迹。其单边切削及参数如图 1.2.39 所示。c 是精整次数(数值范围 1~99),用来去除毛刺、精整螺纹表面;r 是螺纹 Z 向退尾长度;e 是螺纹 X 向退尾长度;a 为刀尖角度(两位数字,切削公制螺纹为 60,切削管螺纹为 55,切削方螺纹为 90);x、z 在绝对值编程时,是有效螺纹终点 C 的坐标,增量值编程时(用 G91 指令定义),是有效螺纹终点 C 相对于循环起点 A 的有向距离;i 是螺纹两端的半径差(加工直螺纹时 i=0);k 是螺纹牙高,由 X 轴方向上的半径值指定;d 为精加工余量(半径值);Δdmin 是最小切削深度(半径值),当第 n 次切削深度 $(\Delta d\sqrt{n}-\Delta d\sqrt{n-1})<\Delta d_{min}$ 时,则切削深度设定为 Δd_{min},Δd 是第一次切削深度(半径值);p 是主轴基准脉冲处距离切削起始点的主轴转角;L 是螺纹导程。

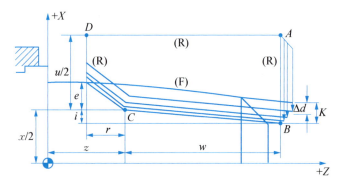

图 1.2.38 螺纹切削复合循环加工轨迹

注意 C 到 D 点的切削速度由 F 代码指定,而其他轨迹均为快速进给。

注意 G76 指令采用斜进方式加工螺纹,单边切削,减小了刀尖的受力。第一次切削时切削深度为 Δd,第 n 次的切削总深度为 $\Delta d\sqrt{n}$,每次循环的吃刀深度为 $(\Delta d\sqrt{n}-\Delta d\sqrt{n-1})$。

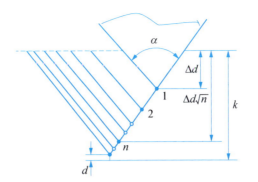

图 1.2.39 螺纹单边切削及参数

建议螺纹加工使用复合循环指令 G76 编程,具体例题将在下篇(实训篇)讲解。

6. 刀具补偿功能指令

刀具的补偿分为刀具的几何补偿和刀具的半径补偿。刀具的几何补偿包括刀具的偏置补偿和刀具的磨损补偿,由 T 代码指定(偏置补偿与磨损补偿之和);刀具的半径补偿由 G40、G41、G42 指定。

(1) 刀具偏置补偿和刀具磨损补偿　车床编程轨迹实际上是刀尖的运动轨迹。编程时,通常假设刀架上各刀在工作位时,刀尖位置是一致的。在实际中,由于刀具的几何形状及安装的不同,其刀尖位置是不一致的,其相对于工件原点的距离也是不同的。需要测量比较和设定各刀具的位置值,以便系统在加工时补偿刀具偏值,称为刀具偏置补偿。刀具偏置补偿可使加工程序不随刀尖位置的改变而改变,从而在编程时不必考虑因刀具的形状和安装位置差异而导致的刀尖位置不一致,以简化编程。

刀具偏置补偿功能由 T 代码指定,其后的 4 位数字分别表示选择的刀具号和刀具偏置补偿号。T 代码说明如下:

TXX	+	XX
刀具号		刀具补偿号

刀具补偿号是刀具偏置补偿寄存器的地址号,该寄存器存放刀具的 X 轴和 Z 轴偏置补偿值、刀具的 X 轴和 Z 轴磨损补偿值。T 加补偿号表示开

始补偿功能,补偿号为 00 表示补偿量为 0,即取消补偿功能。补偿号可以和刀具号相同,也可以不同,即一把刀具可以对应多个补偿号(值)。

系统对刀具的补偿或取消都是通过拖板的移动来实现的。如图 1.2.40 所示,如果刀具轨迹相对编程轨迹具有 X、Z 方向上补偿值(由 X、Z 方向上的补偿分量构成的矢量称为补偿矢量),那么程序段中的终点位置加或减去由 T 代码指定的补偿量(补偿矢量)即为刀具轨迹段终点位置。

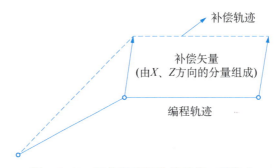

图 1.2.40　经偏置磨损补偿后的刀具轨迹

① 刀具偏置补偿:刀具偏置补偿有两种形式,即绝对补偿形式和相对补偿形式。

绝对刀偏是指机床回到机床零点时,工件原点相对于刀架工作位上各刀刀尖位置的有向距离,如图 1.2.41 所示。当执行绝对刀偏补偿时,各刀以此

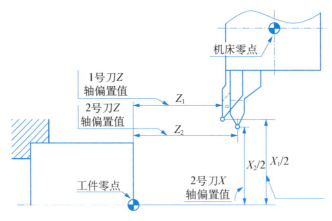

图 1.2.41　刀具偏置的绝对补偿形式

值设定各自的加工坐标系。因此,虽然刀架在机床零点时,各刀由于几何尺寸和安装位置不一致,刀尖点相对工件零点的距离不同,但经过绝对补偿以后,各自建立的坐标系均与工件坐标系重合。

机床到达机床零点时,机床坐标值均显示为零,整个刀架上的点可考虑为一理想点,因此当各刀对刀时,机床零点可视为在各刀刀尖点上。华中数控系统中输入试切直径和试切长度值,自动计算工件零点相对于各刀刀位点的距离。具体操作步骤将在下篇(实训篇)讲解。

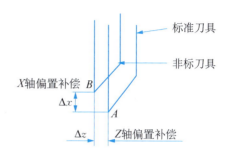

图 1.2.42　刀具偏置的相对补偿形式

如图 1.2.42 所示,在对刀时,确定一把刀为标准刀具,并以此刀尖位置 A 为依据建立坐标系。当其他各刀转到加工位置时,刀尖位置 B 相对标刀刀尖位置 A 就会出现偏置,原来建立的坐标系就不再适用,因此,应对非标刀具相对于标准刀具之间的偏置值 Δx、Δz 进行补偿,使刀尖位置 B 移至位置 A。这就是相对刀偏。

标准刀具偏置值是机床回到机床零点时,工件零点相对于工作位上标准刀具刀尖点的有向距离。

设定相对刀偏的具体操作步骤将在下篇(实训篇)讲解。

② 刀具磨损补偿:刀具使用一段时间后的磨损,会造成产品尺寸误差,因此需要补偿。刀具磨损补偿与刀具偏置补偿存放在同一个寄存器的地址号中。各刀的磨损补偿只对该刀有效(包括标刀)。具体操作步骤将在下篇(实训篇)讲解。

(2) 刀尖圆弧半径补偿 G40、G41、G42　格式:

G41/G42/G40 G00/G01 X_ Z_;

数控程序一般是针对刀位点,按工件轮廓尺寸编制的。车刀的刀位点一般为理想状态下的假想刀尖 A 点或刀尖圆弧圆心 O 点。由于工艺或其他要求,但实际加工中的车刀刀尖往往不是一个理想点,而是一段圆弧。当切削加工时，刀具切削点在刀尖圆弧上变动，实际切削点与刀位点之间的位置有偏差，会造成过切或少切。这种由于刀尖不是一个理想点而是一段圆弧所造成的加工误差，可以用刀尖圆弧半径补偿功能来消除。

刀尖圆弧半径补偿是通过 G41、G42、G40 代码及 T 代码指定的刀尖圆弧半径补偿号加入或取消的。G41 是刀具左补偿（在刀具前进方向左侧补偿），如图 1.2.43 所示；G42 是刀具右补偿（在刀具前进方向右侧补偿）；G40 是取消刀尖半径补偿；X、Z 是 G00/G01 的参数，即建立刀补或取消刀补的终点；G40、G41、G42 都是模态代码，可相互注销。

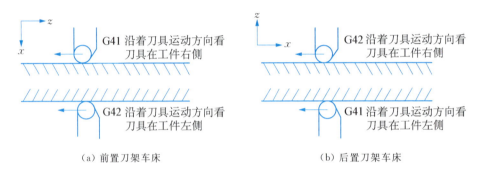

（a）前置刀架车床　　　　　　　　（b）后置刀架车床

图 1.2.43　刀具左补偿和右补偿

注意　① G41/G42 不带参数，其补偿号（代表所用刀具对应的刀尖半径补偿值）由 T 代码指定，刀尖圆弧补偿号与刀具偏置补偿号对应。

② 刀尖半径补偿的建立与取消只能用 G00 或 G01 指令，不能用 G02 或 G03。

③ 建立或取消刀具半径补偿时刀尖应离开工件一定距离，以免损坏工件。

刀尖圆弧半径补偿寄存器中，定义了车刀圆弧半径及刀尖的方向位号。车刀刀尖的方位号定义了刀具刀位点与刀尖圆弧中心的位置关系，有 0～9 十个方向，如图 1.2.44 所示。

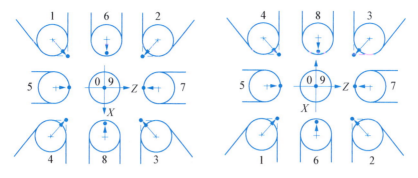

(a)前置刀架车床　　　　　(b)后置刀架车床

图 1.2.44　车刀刀尖方位码定义

第 2 章 数控车削工艺基础

2.1 数控车削工艺概述

由于数控车床具有加工精度高、能作直线和圆弧插补、在加工过程中能自动变速等特点,因而数控车床的工艺范围相比普通车床要宽得多,要求也更高。在数控车床上加工零件时,要把被加工的全部工艺过程及工艺参数等编制成数控加工程序,整个加工过程根据加工程序的指令要求自动进行,无须人工干预。因此,程序编制前的工艺分析、工艺处理、工艺装备选用等工作显得尤为重要,其目的是力求以相对合理的工艺过程和操作方法指导编程并顺利完成加工任务。

2.1.1 数控车削加工的主要对象

(1) 精度要求高的回转体零件　零件的精度要求主要指尺寸、形状和位置等精度要求。例如,尺寸精度高达 0.001 mm 或更小的零件,圆柱度要求高的圆柱体零件,素线直线度、圆度和倾斜度均要求高的圆锥体零件等。由于数控车床的刚性好,制造和对刀精度高,能精确地补偿,所以它能够加工尺寸精度要求高的零件,一般可车削七级尺寸精度的零件,在有些场合甚至可以车代磨。此外,数控车削时刀具运动是通过高精度插补运算和伺服驱动来实现的,再加上机床的刚性好、制造精度高,能加工对母线直线度、圆度、圆柱度要求高的零件。对圆弧以及其他曲线轮廓的形状，加工出的形状与图纸上的目标几何形状的接近程度比传统车床要好得多。车削曲线母线形状的零件常采用数控线切割加工并稍加修磨的样板来检查，而数控车削出来的零件形状精度，不会比这种样板本身的形状精度差。车削零件位置精度的高低主要取决于零件的装夹次数和机床的制造精度。数控车削对提高位置精度特别有效，不少位置精度要求高的零件用传统的车床车削达不到要求，只能用磨削或其他方法弥补，而在数控车床上可以用修改程序内数据的方法来校正并提高其位置精度。

（2）表面粗糙度小的回转体零件 数控车床能加工出表面粗糙度小的回转体零件，不仅是因为机床的刚性和制造精度高，还因为它具有恒线速度切削功能。在材质、精车余量和刀具已定的情况下，表面粗糙度取决于进刀量和切削速度。在传统的车床上车削外圆面时，由于转速在切削过程中恒定，导致线速度随着零件直径变化而变化，因此理论上只有某一直径处的粗糙度最小。使用数控车床的恒线速度切削功能，就可选用最佳线速度来切削外圆面，这样切出的粗糙度既小又一致。数控车床还适合于车削各部位表面粗糙度要求不同的零件。粗糙度小的部位可以用减小走刀量的方法来达到，而这在传统车床上是做不到的。

（3）表面形状复杂的回转体零件 数控车床具有直线和圆弧插补功能，部分车床数控装置还有某些非圆曲线插补功能，可以车削由任意直线和平面曲线组成的形状复杂的回转体零件和难以控制尺寸的零件，如具有封闭内成型面的壳体零件。对于由直线或圆弧组成的轮廓，直接利用机床的直线或圆弧插补功能；对于由非圆曲线组成的轮廓，可以用非圆曲线插补功能；若所选机床没有曲线插补功能，则应先用直线或圆弧去逼近，然后再用直线或圆弧插补功能插补切削。组成零件轮廓的曲线可以是数学方程式描述的曲线，也可以是列表曲线。

（4）带特殊类型螺纹的回转体零件 传统车床所能切削的螺纹相当有限，只能车等螺距的直、锥面的公、英制螺纹，而且一台车床只限定加工若干种螺距。数控车床不但能车任何等螺距的直、锥和端面螺纹，而且还能加工特大螺距（或导程）、变（增、减）螺距、等螺距与变螺距或圆柱与圆锥螺纹面之间平滑过渡的螺纹零件,以及高精度的模数螺纹零件(如圆柱、圆弧蜗杆)和端面(盘形)螺纹零件等。数控车床车削螺纹时主轴转向不必像传统车床那样交替变换,它可以循环加工直到完成,所以车削螺纹的效率很高。数控车床可以配备精密螺纹切削功能,再加上采用机夹硬质合金螺纹车刀,以及可以使用较高的转速,所以车削出来的螺纹精度高、表面粗糙度小。

(5) 淬硬回转体零件　在大型模具加工中,有不少尺寸大而形状复杂的回转体零件,热处理后的变形量较大,磨削加工有困难,因此可以用陶瓷车刀在数控车床上对淬硬后的零件进行车削加工,以车代磨,提高加工效率。

(6) 带横向加工的回转体零件　带有键槽或径向孔,或端面有分布的孔系,以及有曲面的盘套或轴类零件,如带法兰的轴套、带有键槽或方头的轴类零件等,这类零件宜选车削加工中心加工。这类零件如果采用普通机床加工,工序分散,工序数目多。采用加工中心加工后,由于有自动换刀系统,一次装夹可完成普通机床的多个工序的加工,可以减少装夹次数,实现工序集中的原则,保证加工质量的稳定性,提高生产率,降低生产成本。

(7) 不适于数控车床加工的零件　一般来说,上述这些加工内容采用数控加工后,在产品质量、生产效率与综合效益等方面都会得到明显提高。相比之下,下列一些内容不宜选择采用数控加工。

① 工件轮廓简单、精度要求很低或生产批量又特别大的工件,在数控机床上加工没有明显的优势。

② 装夹困难或必须依靠人工找正才能保证加工精度的单件小批量工件(占机调整时间过长,不利于有效利用数控设备的加工内容)。

③ 加工部位分散,不能在一次安装中完成加工的其他零星加工表面,需要多次安装、设置工件原点。这时,采用数控加工很麻烦,效果不明显,可安排通用机床加工。

④ 加工余量大或材质及余量都不均匀的毛坯工件。

⑤ 特别难加工的工件材料,在加工中暂时没有解决刀具耐用度问题时(由于刀具磨损过快,无法很好地控制加工质量),以及铸铁工件(切屑不易清理使机床导轨严重磨损)等都不适合在数控机床上加工。

此外,在选择和决定数控加工内容时,也要考虑生产批量、生产周期、工序间周转情况等。总之,要尽量合理、高效地利用数控资源,防止把数控机床降格为通用机床使用。

2.1.2 数控车削工艺的基本特点

(1) 工艺规程规范、明确　传统车床的加工工艺是由操作者操作机床一步一步实现的,具有一定的灵活性。数控车床的加工工艺是在预先所编制的加工程序中体现的,由机床自动实现。因此,数控加工工艺与普通加工工艺相比,在工艺文件的内容和格式上都有较大区别,如在加工部位、加工顺序、刀具配置与使用顺序、刀具轨迹、切削参数等方面,都要比传统机床的工序内容更详细。数控加工工艺必须规范、明确,要详细到每一次走刀路线和每一个操作细节,且必须由编程人员在编程时预先予以确定,并写入工艺文件。

(2) 加工工艺制定准确、严密　数控机床加工过程是自动连续进行的,不能像传统加工时那样可以根据加工过程中出现的问题,由操作者适时地随意调整。因此,在数控加工的工艺设计中必须认真分析加工过程的每一个环节和细节。例如,加工内孔时,数控车床并不知道孔中是否挤满了切屑,是否需要退一次刀,待清除切屑后再加工。尤其是对图形进行数学处理、计算和编程时一定要准确无误,稍有疏忽就可能会出现重大机械事故、质量事故,甚至人身伤害事故。

(3) 可加工复杂表面　对于一般简单表面的加工方法,数控加工与传统加工无太大的差别,尤其在轮廓形状简单的单件小批量加工中,数控车床几乎无法发挥其优势。但是,数控车床加工效率和加工精度更高,可加工的零件形状更复杂,加工工件的一致性更好,因此可以加工具有复杂表面的高精度零件。

(4) 采用先进的工艺装备　为了满足数控加工中高质量、高效率和高柔性的要求,数控加工中广泛采用先进的数控刀具、专用刀具、高效专用夹具等工艺装备。

(5) 可借助计算机辅助设计工艺　由于数控车床是受控于数控系统的数字信息,因此可以方便地连接计算机辅助设计和制造(CAD&CAM)系统,借助计算机设计工艺和生成加工程序。

2.1.3 数控车削工艺的主要内容

数控车床加工程序不仅包括零件的工艺过程,还包括切削用量、走刀路线、刀具尺寸以及车床的运动过程。数控加工工艺主要包括以下内容:

① 对零件进行数控加工的适应性分析,确定在数控车床加工的内容;

② 结合加工表面的特点和数控设备的功能对零件图样进行数控加工工艺分析,确定加工技术要求;

③ 具体设计数控加工工序,如工步的划分、工件的定位,与夹具的选择、刀具的选择、切削用量的确定等;

④ 根据编程的需要,对零件图形进行数学处理和计算;

⑤ 处理特殊的工艺问题,如对刀点、换刀点的选择,加工路线的确定,刀具补偿等;

⑥ 编写加工程序单(自动编程时为源程序,由计算机自动生成目标程序——加工程序);

⑦ 检验与修改加工程序;

⑧ 首件试加工以进一步修改加工程序,并对现场问题进行处理;

⑨ 编制数控加工工艺技术文件,如数控加工工序卡、程序说明卡,走刀路线图等。

2.2 零件工艺分析

2.2.1 零件图样分析

分析零件图样是工艺准备中的首要工作,必须熟悉零件在产品中的作用、位置、装配关系和工作条件,搞清楚各项技术要求对零件装配质量和使用性能的影响,找出主要的、关键的技术要求,然后分析零件图样。零件图样的分析直接影响零件加工程序的编制及加工结果,主要包括以下内容。

(1) 构成加工轮廓的几何要素分析 手工编程时,要仔细计算每个节点的坐标值;自动编程时,要对构成加工轮廓的所有几何要素进行定义。因此,在分析零件图样时,要分析所有几何要素的给定条件是否充分。由于设计、制图等多方面的原因,在图样上,可能出现构成加工轮廓的数据不充分、自相矛盾等缺陷,增加了编程工作的难度,有时甚至无法编程。比如,图样上给定的各段长度之和不等于总长尺寸,漏掉某尺寸;给定几何条件过多造成尺寸链封闭等。

(2) 尺寸标注方法分析　　零件图样上尺寸标注方法应适应数控车削加工的特点,应以同一基准标注尺寸或直接给出坐标尺寸。这种标注方法既便于编程,便于尺寸之间的相互协调,也有利于设计基准、工艺基准、测量基准和编程原点的统一。一般可将局部的尺寸分散标注法改为坐标式标注法。

(3) 尺寸公差及表面粗糙度要求分析　　分析零件图样的尺寸公差要求,以确定控制其尺寸精度的加工工艺(如刀具选择及确定其切削用量等)。在尺寸公差分析过程中,还可以同时进行一些编程尺寸的简单换算,如增量尺寸与绝对尺寸及尺寸链解算等。在数控车削实践中,零件要求的尺寸常常取其最大和最小极限尺寸的中值,取中值后的尺寸作为编程的尺寸依据,以便于在加工中,通过磨耗补偿控制工件的尺寸公差。表面粗糙度是保证零件表面微观精度的重要要求,也是合理选择机床、刀具及确定切削用量的重要依据。对表面粗糙度要求较高的表面,应该采用恒线速切削加工指令。

(4) 形状和位置公差要求分析　　零件图样上给定的形状和位置公差是保证零件精度的重要要求。找出图样上有较高位置精度要求的表面,这些表面应在一次安装下完成。在工艺准备过程中,除了按其要求确定零件的定位基准和检测基准,并满足其设计基准的规定外,还要根据工件的特点确定适合的加工方法,以便有效地控制其形状和位置误差。

(5) 技术要求分析　　分析零件图样上给出的零件材料与热处理工艺、零件毛坯形状和尺寸、加工件数量等技术要求,是确定数控机床的型号、刀具材料及几何参数、装夹与定位、工序安排、走刀路线和切削用量等的重要依据。

2.2.2　结构工艺性分析

零件的结构工艺性是指零件对加工方法的适应性,即所设计的零件结构应便于加工成型。工艺分析时应根据数控车削加工特点,认真分析零件结构的合理性,主要考虑如下 3 个方面:

① 是否有利于达到所要求的加工质量;

② 是否有利于减少加工量;
③ 是否有利于提高加工效率。

2.3 数控车削工艺制订

制订车削加工工艺路线的主要内容包括选择各加工表面的加工方法、划分加工阶段、划分工序以及安排工序的先后顺序等。应根据从生产实践中总结出来的一些综合性工艺原则,结合实际的生产条件,提出几种方案,通过对比分析,从中选择最佳方案。

2.3.1 加工方法的选择

根据零件的结构形状、尺寸大小、材料特性、精度要求、表面粗糙度、加工件数等具体情况,选择内外回转体表面车削、钻孔、镗孔、铰孔和攻螺纹等相应的加工方法和加工方案。

2.3.2 工序的划分

在数控车床上加工零件,应按工序集中的原则划分工序,且在一次安装下尽可能完成大部分甚至全部表面的加工。将位置精度要求较高的表面安排在一次安装下完成,以免多次安装所产生的安装误差影响位置精度。对于需要多台不同的数控机床、多道工序才能完成加工的零件,工序划分自然以机床为单位进行。对于需要很少的数控机床就能加工完零件全部内容的情况,一般应根据零件的结构形状不同,选择外圆、端面,或内孔、端面装夹,并力求设计基准、工艺基准和编程原点的统一。在批量生产中,常用下列两种方法划分工序。

(1) 按安装次数划分工序　以每一次装夹完成的那一部分工艺过程作为一道工序。此种划分工序的方法可将位置精度要求较高的表面安排在一次安装下完成,以免多次安装所产生的安装误差影响位置精度。这种工序划分方法适用于加工内容不多的零件。

(2) 按粗、精加工划分工序　为了保证切削加工质量,及延长刀具的使用寿命,工件的加工余量往往不是一次切除的,而是逐步减少切削深度分阶段切除的。切削加工可分为粗加工、半精加工、精加工、精密加工、超精密加工等5个阶段(各个阶段可以根据其加工特点分别放在普通车床、数控车床及磨床上完成)。各个加工阶段的目的、尺寸公差等级和表面粗糙度 Ra 值的范围见表2.3.1。

表 2.3.1 按粗、精加工划分工序表

加工阶段	目的	尺寸公差等级范围		Ra 值范围 /μm	加工方法
粗加工	快速切除毛坯多余材料,使其接近零件的形状和尺寸	IT12～IT11		25～12.5	粗车、粗镗、钻孔
半精加工	提高精度和降低表面粗糙度,留下合适的精加工余量	IT10～IT9		6.3～3.2	半精车、半精镗、扩孔
精加工	使零件的主要表面达到规定的精度和表面粗糙度要求,为要求很高的主要表面精密加工做准备	一般精加工	IT8～IT7	1.6～0.8	精车、精镗、粗磨、粗铰
		精密精加工	IT7～IT6	0.8～0.2	精磨、精铰
精密加工	在精加工基础上进一步提高精度和减小表面粗糙度	IT5～IT3		0.1～0.008	超精加工、研磨、珩磨
超精密加工	亚微米加工,用于加工个别的超精密零件	高于IT3		0.012或更低	金刚石刀具切削、超精密研磨和抛光

对于毛坯余量较大和加工精度要求较高的零件,应将粗车和精车分开,划分成两道或更多的工序。将粗车安排在精度较低、功率较大的数控车床上(或普通车床上)完成,将精车安排在精度较高的数控车床上。对于容易发生加工变形的零件,通常粗车后需要矫形,这时粗加工和精加工作为两道工序,可以采用不同的刀具或不同的数控车床加工。这种划分方法适用于零件加工后易变形或精度要求较高的零件。而且,很多煅、铸件通过粗车削一遍,可以及时发现毛坯的内在缺陷而决定取舍,以免浪费更多的工时。

综上所述,在划分数控加工工序时,一定要视零件的结构与工艺性、零件的批量、机床的功能、零件数控加工内容的多少、程序的大小、安装次数及生产组织状况等灵活掌握。

2.3.3 加工顺序的安排

在数控车床加工过程中,由于加工对象复杂多样,特别是轮廓曲线的形状及位置千变万化,加上材料、批量不同等多方面因素的影响,具体在安排加工顺序时应根据零件的结构和毛坯的状况,结合定位及夹紧的需要一起考虑,重点应保证工件的刚度不被破坏,尽量减少变形。安排零件车削加工顺序一般遵循下列原则。

(1) 先粗后精原则　为了提高生产效率并保证零件的精加工质量,在切削加工时,应先安排粗加工工序,在较短的时间内,将精加工前大量的加工余量去掉,同时尽量满足精加工的余量均匀性要求。当粗加工工序安排完后,接着安排换刀后的半精加工和精加工。当粗加工后所留余量的均匀性满足不了精加工要求时,则可安排半精加工作为过渡性工序,以便使精加工余量小而均匀。

(2) 先近后远原则　这里所说的远与近,是按加工部位相对于对刀点的距离大小而言的。在一般情况下,离对刀点近的部位先加工,离对刀点远的部位后加工,以便缩短刀具移动距离,减少空行程时间。对于车削加工,先近后远还有利于保持毛坯件或半成品件的刚性和强度,改善其切削条件。

(3) 先内后外原则　对于精密套筒类零件,其外圆与内孔同轴度要求较高,一般采用"先内孔后外圆"的原则,即先以外圆定位加工内孔,再以内孔定位加工外圆,这样可以保证同轴度要求,以及内外表面的尺寸和表面形状的精度,并且用的夹具简单。

(4) 内外交替原则　对既有内表面(内型、腔)又有外表面的回转体零件,安排加工顺序时,应先内、外表面粗加工,后内、外表面精加工。切不可将零件上一部分表面(外表面或内表面)加工完毕后,再加工其他表面(内表面或外表面)。此要求对薄壁工件及加工余量较大的工件加工尤为重要。

(5) 基面先行原则　用作精基准的表面应优先加工出来,因为定位基准的表面越精确,装夹误差就越小。例如,轴类零件加工时,总是先加工中心孔,再以中心孔为精基准加工外圆表面和端面。

2.3.4 加工路线的确定

加工路线是指刀具从对刀点(或机床固定原点)开始运动,直到返回该点并结束加工程序所经过的路径,包括切削加工的路径及刀具引入、切出等非切削空行程。确定加工路线的工作重点,主要在于粗加工及空行程的进给路线,因为精加工切削过程的进给路线基本上都是沿零件轮廓顺序进行的。

在保证加工质量的前提下,使加工程序具有最短的进给路线,不仅可以节省整个加工过程的执行时间,还能减少一些不必要的刀具消耗及机床进给机构滑动部件的磨损等。实现最短的进给路线,除了依靠大量的实践经验外,还应善于分析,必要时可辅以一些简单的计算。

1. 最短的空行程路线

要实现最短的进给路线,首先要设计最短的空行程路线。可以通过以下方法设计最短的空行程路线。

(1) 巧设起刀点　将起刀点设在更接近工件的位置减少空行程,在加工零件外表面时,一般将起刀点设定在大于工件毛坯外圆直径 1~2 mm、端面以外 2 mm 处,这样设定既高效又比较安全。

(2) 巧设换刀点　换刀点是数控车床等多刀加工的各种数控机床,相对于机床固定原点设置的一个自动换刀的位置。换刀点的位置可设定在机床固定原点或远离工件的某一位置上,其具体的位置应根据工序内容而定。为了防止在换刀时碰撞到被加工零件或夹具,换刀点一般都设置在加工零件的外面离坯件较远的位置。换刀精车时的空行程路线必然也较长。因此,在粗加工已经去除大量多余材料的情况下,可以将精加工车刀的换刀点设置在距离工件近一些的位置,以缩短空行程。当然,换刀点的设置主要考虑换刀的方便和安全,切记不要和工件、尾座等发生干涉。

(3) 合理安排回零路线　在手工编制较为复杂轮廓的加工程序时,为使加工程序段落分明、层次清晰,有时在每把刀加工完成后的刀具终点执行"回零"(即返回参考点)指令,然后再执行后续程序。这样既不容易出错,又可以消除机床的积累误差,但是会增加空行程路线,降低生产效率。因此,在不发生加工干涉现象的前提下,可以采用自动返回参考点指令(G28),该指令的回零路线是最短的。

2. 最短的粗加工路线

常用的粗加工进给路线有如下 4 种。

(1) 矩形循环进给路线　使用数控系统具有的矩形循环功能而安排的矩形循环进给路线。

(2) 沿轮廓形状等距线循环进给路线　使用数控系统具有的封闭式复合循环功能,安排的车刀沿着工件的轮廓等距线循环的进给路线。

(3) 三角形循环进给路线　利用程序循环功能安排的三角形循环进给路线。

(4) 双向切削进给路线　利用数控车床加工的特点,还可以使用横向和径向双向进刀,安排沿着零件毛坯轮廓进给的加工路线。

经分析和判断后可知,矩形循环进给路线的走刀长度总和最短,封闭式复合循环走刀路线的走刀长度总和最长。因此,在同等条件下,矩形循环切削所需时间(不含空行程)最短,刀具的损耗小。另外,矩形循环加工的程序段格式较简单,所以这种进给路线,在制订加工方案时应用较多。但是,矩形循环粗车后的精车余量不够均匀,一般须安排半精车加工,将多余的边角毛坯去处,提高加工的综合性能。

3. 精加工进给路线的确定

精加工切削进给路线减短,可以有效地降低刀具的损耗,提高生产效率。一般要考虑以下一些问题。

(1) 零件成型轮廓的进给路线　在安排一刀或多刀精加工进给路线时,零件的最终成型轮廓应由最后一刀连续加工而成,并且加工刀具的进、退刀位置要考虑妥当,尽量不要在连续的轮廓中安排切入和切出或换刀及停顿,以免因切削力突然变化而破坏工艺系统的平衡状态,致使光滑连接轮廓上产生表面划伤、形状突变或滞留刀痕等缺陷。

(2) 加工中需要换刀的进给路线　主要根据工步顺序的要求来决定各把加工刀具的先后顺序以及各把加工刀具进给路线的衔接。

(3) 刀具切入、切出以及接刀点位置的选择　加工刀具的切入、切出以及接刀点,应该尽量选取在有空刀槽,或零件表面间有拐点和转角的位置,曲线相切或者光滑连接的部位不能作为加工刀具切入、切出以及接刀点的位置。

（4）如果零件各加工部位的精度要求相差不大,应以最高的精度要求为准,一次连续走刀加工完成所有加工部位；如果零件各加工部位的精度要求相差很大,应把精度接近的各加工表面安排在同一把车刀的走刀路线上。

另外,还有一些特殊的精加工进给路线。

① 在批量车削加工中,为了便于切断并避免调头倒角,可巧用切断刀3个方向的进给同时完成车倒角和切断两个工序,效果很好。

② 在数控车削加工中,一般情况下,Z 轴方向上都是沿着坐标的负方向进给的。但是,有时按这种常规方式安排进给路线并不合理,甚至可能车坏工件,可采用 Z 轴正方向进给。

2.3.5 数控加工工艺文件

编写数控加工专用技术文件是数控加工工艺设计的内容之一。这些技术文件既是数控加工的依据、产品验收的依据,也是操作者必须遵守、执行的规程。技术文件是对数控加工的具体说明,目的是让操作者更明确加工程序的内容、装夹方式、各个加工部位所选用的刀具及其他技术问题,防止盲目性、临时性等错误操作的发生。数控加工技术文件主要有数控加工工序卡、数控加工刀具卡、数控加工走刀路线图、工件安装和原点设定卡、数控编程任务书等。一般不可缺少的工艺文件是数控加工工序卡、数控加工刀具卡、数控加工走刀路线图和数控加工程序卡,文件格式可根据实际情况自行设计。

1. 数控加工工序卡

数控加工工序卡与普通加工工序卡有许多相似之处,须将切削参数(即程序编入的主轴转速、进给速度、最大切削深度或宽度等)的选择对应进给路线标注清楚。还要注明所用机床型号、程序编号,并将对刀点、工件探出长度、装夹部位等作简要说明,其格式可参考表2.3.2。

表 2.3.2 数控加工工序卡

材料		零件图号		系统		工序号		
操作序号	工步内容		G 功能	T 功能	切削用量			
					转速 S	进给速度 F	切削深度	
1								
2								
3								
4								
……								

2. 数控加工刀具卡

数控加工对刀具的要求十分严格,刀具编号应与刀具名称、加工部位以及加工程序严格对应。一般数控加工刀具卡上能够反映刀具编号、刀具名称及规格、刀具的刀尖圆弧半径、加工表面,并在备注中描述刀片型号和材料对刀点的位置等,它是刀具领用、安装、调整的重要依据,其格式可参考表 2.3.3。

表 2.3.3 数控加工刀具卡

零件名称			零件图号		刀柄尺寸		
序号	刀具号	刀具名称及规格	刀尖半径	数量	加工表面	备注	
1							
2							
3							
4							
……							

3. 数控加工程序卡

数控加工程序卡就是将数控加工程序按表格形式进行填写,便于对程序进行校对、审核、更正及准确输入。主要内容包括零件名称、图纸编号、工件的材质、该程序所对应的数控系统系统、机床型号及程序的简要说明等,其格式可参考表 2.3.4。

表 2.3.4　数控加工程序卡

程序原点位置			编程日期	
零件名称		零件图号		材料	
车床型号		夹具名称		加工地点	
程序号			编程系统	
程序段号	程序		说明	
N10				
N20				
N30				
N40				
N50				
……				

2.4　数控车削定位与夹紧方案确定

2.4.1　夹具的基本概念

1. 夹具的定义

按照机械加工工艺规程的要求，用于装夹工件，使之占有正确位置并可靠夹紧的工艺装备，称为夹具。在现代生产中，机床夹具是一种不可缺少的工艺装备，它直接影响加工的精度、劳动生产率和产品的制造成本等。

2. 夹具的分类

按照使用的机床种类，夹具可以分为车床夹具、钻床夹具、铣床夹具、磨床夹具和镗床夹具等。

按照通用性和使用特点，夹具通常可以分为通用夹具、专用夹具和组合夹具 3 类。通用夹具已标准化，可以装夹多种工件进行切削加工。通用夹具应用较广，能较好地适应加工工序和加工对象的变换，如车床上的三爪自定心卡盘、四爪单动卡盘、通用心轴等。专用夹具是为某工件的某一工序的加工要求专门设计制造的夹具。这种夹具结构紧凑、操作方便。组合夹具虽然一次性投资较大,但由于它具有明显缩短生产准备周期,减少专用夹具品种、数量及存放面积等优点,在现代化生产中得到了越来越广泛的应用。

3. 夹具的作用

(1) 保证产品质量　被加工工件的某些加工精度是由机床夹具来保证的。夹具应能提供合适的夹紧力,既不能因为夹紧力过小导致被加工件在切削过程中松动,又不能因夹紧力过大而导致被加工工件变形或工件表面损坏。

(2) 提高加工效率　采用夹具后,可省去划线工序,减少找正时间且应能方便被加工件的装卸,因而提高了劳动生产率。如果再采用气动或液压夹紧装置,则能使操作者降低劳动强度,同时节省机床加工的辅助时间,达到提高加工效率的目的。

(3) 解决车床加工中的特殊装夹问题　有些工件(如轴承支架、环首螺钉等)很难使用通用夹具装夹进行装夹,也无法达到图样的设计要求,因此必须设计专用夹具进行加工。

(4) 扩大机床的使用范围　使用专用夹具可以完成非轴套、非轮盘类零件的孔、轴、槽和螺纹等的加工,可扩大机床的使用范围。

2.4.2　数控车床常用夹具

1. 圆周定位夹具

在车床加工中,大多数情况下使用工件或毛坯的外圆定位。

(1) 三爪卡盘　三爪卡盘是最常用的车床通用卡具,其最大的优点是3个卡爪能够同步运动,可以自动定心,夹持范围大(既可以装夹工件的外圆,也可以装夹工件较大的内孔),一般不需要找正。但是,定心精度存在误差(一般在 0.05 mm 以内),因此不适用于同轴度要求高的工件的二次装夹。三爪卡盘夹紧力较小,所以适用于装夹外形规则的中、小型工件。三爪自定心卡盘可装成正爪或反爪两种形式,既可以装夹轴类零件,也可以装夹盘类零件。

三爪卡盘常见的有机械式和液压式两种。液压卡盘装夹工件迅速、方便,但夹持范围变化小,当工件尺寸变化大时需重新调整卡爪位置。全机能

第 2 章　数控车削工艺基础

数控车床经常采用液压卡盘,液压卡盘还特别适用于批量加工。要注意的是,液压卡盘又分为中空卡盘(通孔卡盘)和中实卡盘(无孔卡盘)两种,中实卡盘无法夹持较长的毛坯棒料,因此一般只适用于半精加工或精加工场合使用。

用三爪卡盘夹紧定位时要注意以下事项。

① 夹持毛坯某一表面时,要进行选择,以保证所有要加工的表面都有足够的加工余量;注意保证加工表面和不加工表面之间的位置精度;被夹持部分有毛刺时,应修掉毛刺,以提高定位精度和夹紧时的可靠性;当装夹较大的工件时,切削用量不宜过大。

② 夹持已加工表面时,不要夹伤工件表面,通常是垫铜皮后再夹紧;夹紧力要适当,防止将工件夹变形;装夹后,应使加工、测量方便。

(2) 四爪单动卡盘　四爪单动卡盘有 4 个各自独立的卡爪,因此工件在装夹时必须将工件的旋转中心找正到与车床主轴旋转中心重合后才可车削。虽然四爪单动卡盘找正比较费时,但夹紧力比较大,所以适用于装夹大型工件、加工精度要求不高的偏心的工件或形状不规则的工件。四爪单动卡盘也可安装成正爪或反爪两种形式。

使用四爪单动卡盘时要注意以下事项:

① 夹持部分不宜过长,一般 10～15 mm 比较适宜;

② 为防止夹伤工件,装夹已加工表面时应垫铜皮;

③ 找正时应在导轨上垫上木板,以防工件掉下砸伤床面;

④ 找正时不能同时松开两个卡爪,以防工件掉下;

⑤ 找正时主轴应放在空挡位置(带有挡位变换的数控车床),以使卡盘转动轻便;

⑥ 工件找正后,4 个卡爪的夹紧力要基本一致,以防车削过程中工件位移。

(3) 软爪　三爪卡盘定心精度不是很高,如加工同轴度要求高的工件,当在二次装夹时,常常使用软爪夹持工件。通常三爪卡盘为保证刚度和耐磨性要对卡爪热处理,硬度较高,很难用常用刀具切削。软爪则是一种能够切削加工的夹爪,是在使用前配合被加工工件特别制造的。

软爪要在与使用时相同的夹紧状态下加工,以免在加工过程中松动,以及由于反向间隙而引起定心误差。加工软爪内定位表面时,要在软爪底部夹紧一适当的棒料(衬铁),以消除卡盘端面螺纹的间隙。

当被加工件以外圆定位时,软爪内圆直径应与工件外圆直径相同,略小更好,其目的是消除夹盘的定位间隙,增加软爪与工件的接触面积。若软爪内径过小则会形成六点接触,一方面会在被加工表面留下压痕,另一方面也使软爪接触面变形。但是,软爪内径大于工件外径则会导致软爪与工件形成三点接触,接触面积小,夹紧牢固程度差,也应尽量避免。

(4) 弹簧套筒　弹簧套筒定心精度高,装夹工件快捷方便,既可用于精加工的外圆表面定位(弹簧夹头),也可用于精加工的内孔定位(弹簧心轴)。弹簧套筒定心夹紧装置的工作原理是,利用其圆锥面(内夹式为外圆锥面,外涨式为内圆锥面)与相应元件的圆锥配合,并做相对移动,强制弹簧套筒发生弹性变形,以达到准确定心并加紧工件的目的。

弹簧套筒有以下两种应用方式。

① 弹簧夹头。装夹以外圆柱面为定位基准面的工件时使用弹簧夹头,它由夹具体、弹簧套筒、锥套、锁母4部分组成。其主要元件弹簧套筒开有3或4条轴向槽。旋转螺母时,锥套内锥面迫使弹簧套筒上的弹簧瓣向心收缩,从而将工件夹紧。

② 弹簧心轴。装夹以内为孔定位基准面的工件时使用弹簧心轴。旋转螺母时,锥套的外锥面向着心轴的外锥面靠拢,迫使弹簧套筒的两端簧瓣向外均匀扩展,从而将工件定心夹紧。反向转动螺母,通过锥套上的钩形环带退锥套,以便卸下工件。

2. 中心孔定位夹具

(1) 两顶尖　两顶尖装夹工件方便,不须找正,装夹精度高。对于较长的、须经过多次装夹的,或工序较多的工件,为保证装夹精度,可用两顶尖装夹,顶尖分前顶尖和后顶尖。

前顶尖随主轴一起旋转,与主轴中心孔不产生摩擦。前顶尖有两种。一种是插入主轴锥孔内的,这种顶尖安装牢固,适宜于批量生产。另一种是夹在卡盘上的,优点是制造安装方便,定心准确;缺点是顶尖硬度不够,容易磨损,车削过程中容易抖动,只适用于小批量生产。

插入尾座套筒锥孔的顶尖叫后顶尖,后顶尖又可分为固定顶尖(死顶尖)和回转顶尖(活顶尖)两种。其中,回转顶尖使用较为广泛,但不适合在加工精度要求高的场合使用。

两顶尖只对工件有定心和支撑作用,必须通过对分夹头或鸡心夹头的拨杆带动工件旋转。工件安装时用对分夹头或鸡心夹头夹紧工件一端,拨杆伸向端面。利用两顶尖定位还可加工偏心工件。

(2) 拨动顶尖　拨动顶尖常用的有内、外拨动顶尖和端面拨动顶尖两种。内、外拨动顶尖的锥面带齿,能嵌入工件,拨动工件旋转;端面拨动顶尖利用端面拨爪带动工件旋转,不但加快了零件的装夹速度,也增加了工件的有效加工长度。

(3) 用一夹一顶法安装工件　用两顶尖装夹车削类工件的优点虽然很多,但其刚性较差,尤其对粗大笨重工件安装时的稳定性不够,切削用量的选择受到限制。这时一端用卡盘夹住,另一端用顶尖支撑来安装工件,即一夹一顶安装工件。

用一夹一顶的方式安装工件时应注意以下事项:

① 为止工件的轴向窜动,通常在卡盘内装一个轴向限位支撑,或在工件的被夹持部位车削一个 10~20 mm 的阶台,作为轴向限位支撑;

② 调整尾座,以校正车削过程中产生的锥度;

③ 由于一夹一顶装夹刚性好,安装工件比较安全、可靠,轴向定位准确,且承受较大的轴向切削力,因此应用广泛。

但是,这种方法用于相互位置精度要求较高的工件时,调头车削时校正较困难。

3. 其他车削工装夹具

数控车削加工中有时会遇到一些形状复杂或不规则的零件,不能用三爪卡盘或四爪卡盘装夹。如果数量较少就没有必要设计专用夹具,需要借助其他工装夹具,如花盘、角铁等。

(1) 花盘　被加工表面的回转轴线与基准面互相垂直、外形复杂的工件可以装夹在花盘上车削。夹具体为圆盘形,一般以工件上的圆柱面及与其垂直的端面作为定位基准。用这种装夹方法车削工件时,当第一只工件找正后,其余各件只要找正平面即可车削。

(2) 角铁　被加工表面的回转轴线与基准面互相平行、外形复杂的工件,可以装夹在花盘的角铁(又称弯板)上加工。夹具体类似角铁形状,常用于加工壳体、支架、接头等工件上的圆柱面和端面。

注意　在花盘、角铁上加工工件时应特别注意安全。因为工件形状不规则,并有螺钉、角铁等露在外面,如果不小心有可能引起重大的工伤事故。另外,在花盘角铁上加工工件,转速不宜太高,否则,因离心力的影响,很容易使螺钉松动,工件飞出。

2.4.3　数控车削定位与夹紧方案确定

在零件加工的工艺过程中,合理选择定位基准对保证零件的尺寸和相互位置精度起着决定性的作用。定位基准又有以毛坯表面作为基准面的粗基准,和以已加工的表面作为基准面的精基准两种。在确定定位基准与夹紧方案时,应注意以下5点。

① 力求设计基准、工艺基准与编程原点统一,以减少基准不重合误差和数控编程中的计算工作量。

② 选择粗基准时,应尽量选择不加工表面,或能牢固、可靠装夹的表面,并注意,粗基准不宜重复使用。

③ 选择精基准时,应尽可能采用设计基准或装配基准作为定位基准,并尽量与测量基准重合。基准重合是保证零件加工质量最理想的工艺手段。精基准虽可重复使用,但为了减少定位误差,仍应尽量减少(即多次调头装夹等)。

④ 设法减少装夹次数,尽可能做到一次定位装夹,加工出工件上全部或大部分待加工表面,以减少装夹误差,提高加工表面之间的相互位置精度,充分发挥机床的效率。

⑤ 避免采用占机人工调整式方案,以免占机时间太多,影响加工效率。

2.5 数控车削刀具选择

生产实践证明,合理、正确地选用车刀,是保证加工质量、提高劳动生产效率的前提。因此,研究车刀的主要角度,正确地刃磨车刀,合理地选择、使用车刀是数控车工的关键技术之一。

2.5.1 车削运动

为了切除多余的金属,必须使工件和刀具做相对的切削运动。根据其功用不同,切削运动可分为主运动和进给运动。

(1) 主运动 直接切除工件上的切削层,使之变成切屑,以形成工件新的表面的运动称为主运动。车削时,工件的旋转运动是主运动,它使刀具与工件之间产生主要的相对运动。车床的主运动一般只有一个,速度高,消耗机床功率最多。

(2) 进给运动 机床或人力提供的运动,使刀具与工件之间产生附加的相对运动,从而使工件上多余材料不断被切除的运动。车刀切除金属层时移动的方向不同,进给的方向也不同,因此进给运动又可分为纵向进给运动(数控车床中的 Z 轴方向运动)和横向进给运动(数控车床中的 X 轴方向运动)。

2.5.2 常用车刀的种类和用途

根据不同的车削加工用途,可将车刀分为外圆刀、端面刀、切断刀、内孔刀、圆头刀、成型车刀、螺纹刀、钻头及铰刀等。

(1) 90°车刀(外圆车刀) 90°车刀又称偏刀,用于车削工件的外圆、台阶、端面,又分为正偏刀和反偏刀两种。在数控车削加工中,正偏刀主要用于经济型数控车床(外刀架车床),反偏刀主要用于全机能数控车床及车铣中心(内刀架车床)。

(2) 45°车刀(弯头车刀) 45°车刀用于车削外圆、端面和倒角。由于不便于对刀操作,在数控车床中并不常用,主要用来手动粗车外圆、端面和手动倒角等。

（3）切断刀（切槽刀）　切断刀用于切断工件及切削径向内外沟槽。切槽刀分为内槽刀和外槽刀两种，外槽刀有时也可用于加工一些不便于掉头的工件的外圆柱面。

（4）内孔车刀（镗孔刀）　内孔车刀用于加工内圆柱面、内阶台、盲孔底面等。其形式多样、尺寸不一、用途不同，应根据具体加工情况合理选用。

（5）圆头车刀（球刀）　圆头车刀用于加工圆弧面或成型面。刀片为圆片状，半径不同，用 R 标注，一般用圆心轨迹编程。但是，此类刀具在加工中容易产生振动，因此对切削用量及刀柄材料要求较为严格。

（6）螺纹车刀　螺纹车刀用于加工螺纹，按加工性质分为内螺纹刀和外螺纹刀，按螺纹类型分为 60°、55°、30°等，按加工范围又可分为定螺距和变螺距两种。对于加工精度较高的螺纹一般应采用定螺距车刀。

2.5.3　可转位车刀

为了充分、有效地利用数控设备、提高加工精度，以及减少加工辅助准备时间，数控车床大多采用机夹可转位车刀，又称机夹车刀。可转位车刀是把硬质合金可转位刀片，用机械夹固方式装夹在标准刀柄上的一种刀具。刀具由刀柄、刀片、刀垫和夹紧机构组成，已经形成模块化、标准化结构，具有很强的通用性和互换性。

1. 可转位刀片型号

ISO 标准和我国标准规定了可转位刀片的型号，由代表一定意义的字母和数字按照一定顺序排列组成。我国型号的表示方法、品种规格、尺寸系列、制造公差以及尺寸的测量方法等，都和 ISO 标准相同，为适应我国的国情，还在国际标准规定的 9 个号位之后，加一短横线，再用一个字母和一位数字表示刀片断屑槽形式和宽度。按照规定，任何一个型号的刀片都必须用前 7 个号位，后 3 个号位在必要时才使用。但是，对于车刀刀片，第 10 号位属于标准要求标注的部分。不论有无第 8、9 两个号位，第 10 号位都必须用短横线"—"与前面号位隔开，并且其字母不得使用第 8、9 两个号位已使用过的字母。可转位刀片型号的 10 个号位具体内容说明如下。

① 第 1 位代码表示可转位刀片的形状,如图 2.5.1 所示。

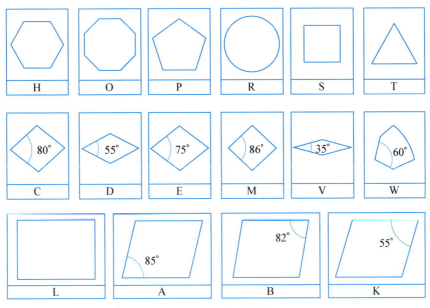

图 2.5.1 刀片形状代码

② 第 2 位代码表示可转位刀片的主切削刃后角,如图 2.5.2 所示。

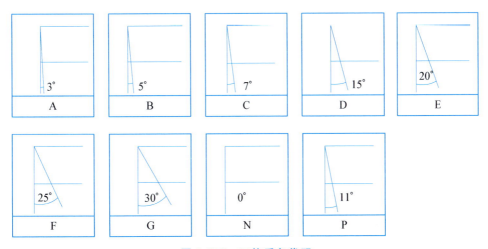

图 2.5.2 刀片后角代码

③ 第 3 位代码表示可转位刀片的尺寸公差,见表 2.5.1。

表 2.5.1 刀片尺寸公差代码

级别符号	公差/mm			公差/in		
	m	s	d	m	s	d
A	±0.005	±0.025	±0.025	±0.0002	±0.001	±0.0010
F	±0.005	±0.025	±0.013	±0.0002	±0.001	±0.0005
C	±0.013	±0.025	±0.025	±0.0005	±0.001	±0.0010
H	±0.013	±0.025	±0.013	±0.0005	±0.001	±0.0005
E	±0.025	±0.025	±0.025	±0.0010	±0.001	±0.0010
G	±0.025	±0.013	±0.025	±0.0010	±0.005	±0.0010
J	±0.005	±0.025	±0.05 ±0.13	±0.0002	±0.001	±0.002 ±0.005
K	±0.013	±0.025	±0.05 ±0.13	±0.0005	±0.001	±0.002 ±0.005
L	±0.025	±0.025	±0.05 ±0.13	±0.0010	±0.001	±0.002 ±0.005
M	±0.08 ±0.18	±0.013	±0.05 ±0.13	±0.003 ±0.007	±0.005	±0.002 ±0.005
N	±0.08 ±0.18	±0.025	±0.05 ±0.13	±0.003 ±0.007	±0.001	±0.002 ±0.005
U	±0.013 ±0.38	±0.013	±0.08 ±0.25	±0.005 ±0.015	±0.005	±0.003 ±0.010

上表中 s 为刀片厚度,d 为刀片内切圆直径,m 为刀片尺寸参数,如图 2.5.3 所示。

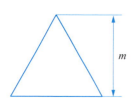
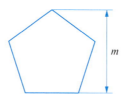

图 2.5.3 刀片尺寸参数

④ 第 4 位代码表示可转位刀片的前刃面及中心孔型,如图 2.5.4 所示。

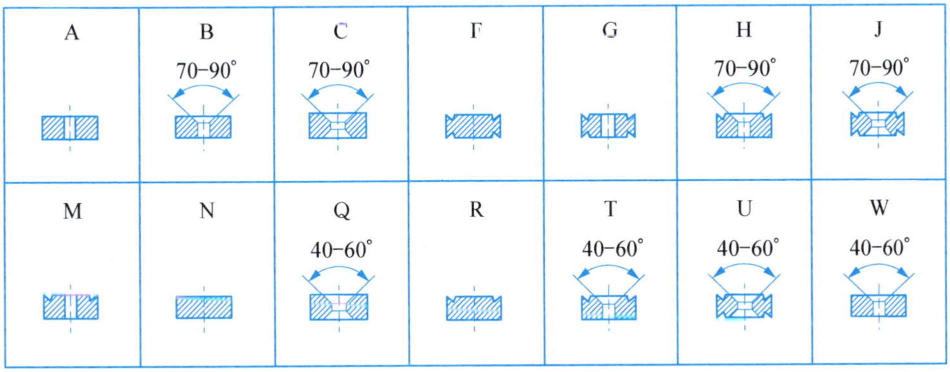

A	B	C	F	G	H	J
	70~90°	70~90°			70~90°	70~90°
M	N	Q	R	T	U	W
		40~60°		40~60°	40~60°	40~60°

图 2.5.4　刀片前刃面及中心孔型代码

⑤ 第 5 位代码表示可转位刀片的切削刃长度,用两位阿拉伯数字表示刀片刃口边长,如代码 12 表示切削刃长度为 12 mm,不同形状刀片的切削刃长度表示方法如图 2.5.5 所示。

⑥ 第 6 位代码表示可转位刀片的厚度,如图 2.5.6 所示。

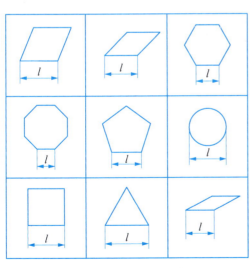

图 2.5.5　刀片切削刃长度表示方法

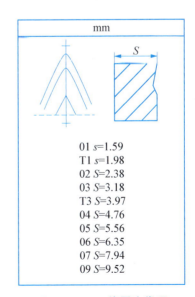

01 s=1.59
T1 s=1.98
02 S=2.38
03 S=3.18
T3 S=3.97
04 S=4.76
05 S=5.56
06 S=6.35
07 S=7.94
09 S=9.52

图 2.5.6　刀片厚度代码

⑦ 第 7 位代码表示可转位刀片的刀尖圆弧半径值,用省去小数点的圆角半径毫米数表示,若刀尖转角为尖角或圆形刀片时,则代号为"00"。

⑧ 第 8 位代码用一个字母表示可转位刀片主切削刃的截面形状,共有 4 种,见表 2.5.2。

表 2.5.2 刀片主切削刃截面形状

切削刃截面形状	尖锐切削刃	倒圆切削刃	倒棱切削刃	既倒棱又倒圆切削刃
代码及形式	F	E	T	S

⑨ 第 9 位代码表示可转位刀片的切削方向,R 表示右切,L 表示左切,N 表示可用于左切也可用于右切。

⑩ 第 10 位代码是字母和数字的组合,用短横线"—"与前面代码隔开,字母表示断屑槽的形式,其后面的数字表示断屑槽的宽度(mm)。

2. 可转位刀片选用

应根据使用的场合、工件的加工特点及切削用量等,合理、正确地选用刀具的形状、角度、材质和品牌,并安排合适的切削用量,以提高机床的利用率,保证工件的加工质量,延长刀具的使用寿命。

(1) 几何形状的选择 一般要选通用性较高的切削刃数较多的刀片。粗车时选较大尺寸的刀片,精、半精车时选较小尺寸刀片。

S 形刀片有 4 个刃口,刃口较短(指同等内切圆直径),刀尖强度较高,主要用于 75°、45°车刀,在内孔刀中用于加工通孔。

T 形刀片有 3 个刃口,刃口较长,刀尖强度低,使用时常采用带副偏角的刀片,以提高刀尖强度,主要用于 90°车刀。在内孔车刀中主要用于加工盲孔、台阶孔。

C 形刀片 80°刀尖角的两个刃口强度较高,用来粗车外圆、端面。不用换刀即可加工端面或圆柱面,在内孔车刀中一般用于加工台阶孔。

R 形刀片为圆形刃口,用于特殊圆弧面的加工,刀片利用率高。但是,径向力大,切削时极易产生振动,要注意切削用量不可过大。

W形刀片有3个刃口且较短,刀尖角为80°,刀尖强度较高,主要用在普通车床上加工圆柱面和台阶面。

D形刀片有两个刃口且较长,刀尖角为55°,刀尖强度较低,主要用于成型面的加工,在加工内孔时可用于台阶孔及较浅的清根。

V形刀片有两个刃口并且长,刀尖角为35°,刀尖强度低,用于成型面加工。

(2) 切削刃长度的选择　切削刃长度应根据背吃刀量选择,一般通槽形的刀片切削刃长度大于等于1.5倍的背吃刀量,封闭槽形的刀片切削刃长度大于等于2倍的背吃刀量。

(3) 刀尖圆弧的选择　粗车时只要刚性允许,尽可能采用较大刀尖圆弧半径;精车时一般用较小刀尖圆弧半径,若刚性允许也应自较大值选取。常用压制成型刀片的刀尖圆弧半径有0.4mm、0.8mm、1.2mm、2.4mm等。

(4) 刀片厚度的选择　刀片厚度的选用原则是,使刀片有足够的强度来承受切削力,通常根据背吃量与进给量来选择,如有些陶瓷刀片,就要选用较大的厚度。

(5) 刀片后角的选择　常用的刀片主切削刃后角为0°,一般用于粗车和半精车,5°、7°、11°后角的刀片一般用于半精车、精车、仿形和内孔加工。

(6) 刀片精度的选择　国家规定可转位刀片有16种精度,其中6种适合于车刀,代号为H、E、G、M、N、U,其中H最高,U最低,数控车床用M及以上的。

3. 使用机夹刀具的注意事项

① 合理选择刀片几何角度和切削用量。可转位刀具的特点之一是卷屑和断屑性能好,但只是在限定的切削用量范围内,因此使用时必须根据加工条件、刀片型号和工件材料,查阅有关手册,或试切削,选用断屑效果较好的切削用量。

② 使用前仔细检查刀片和刀柄,刀片的定位和夹紧是否可靠,压紧螺钉是否松动和变形。

③ 装夹刀片时刀片定位面与刀垫、刀槽应保证接触良好,夹紧力不要过大,否则在切削力作用下,刀片有可能由于受力不均而碎裂。

④ 刀片磨损后应及时转位或更换。

2.5.4 数控车削对刀具的要求

（1）强度高　为适应刀具在粗加工或对高硬度材料的零件加工时，能大切深和快走刀，要求刀具必须具有很高的强度；刀杆细长的刀具（如深孔车刀）还应具有较好的抗振性能。

（2）精度高　为适应数控加工的高精度和自动换刀等要求，刀体及其刀柄都必须具有较高的精度。

（3）切削速度和进给速度高　为提高生产效率并适应一些特殊加工的需要，刀具应能满足高切削速度或进给速度的要求。

（4）可靠性好　要保证数控加工中不会因发生刀具意外损坏及潜在缺陷而影响到加工的顺利进行，要求刀具及与之组合的附件必须具有很好的可靠性和较强的适应性。

（5）耐用度高　刀具在切削过程中的不断磨损，会造成加工尺寸的变化。伴随刀具的磨损，还会因刀刃（或刀尖）变钝，使切削阻力增大，既会使被加工零件的表面精度大大下降，还会加剧刀具磨损，形成恶性循环。因此，数控加工中的刀具，不论在粗加工、精加工或特殊加工中，都应具有比普通机床加工所用刀具更高的耐用度，以尽量减少更换或修磨刀具及对刀的次数，从而保证零件的加工质量，提高生产效率。耐用度高的刀具，至少应完成 1～2 个大型零件的加工，能完成 1～2 个班次以上的加工则更好。

（6）断屑及排屑性能好　有断屑及排屑的性能，对保证数控机床顺利、安全地运行具有非常重要的意义。

2.6 数控车削切削用量选择

切削用量又称为切削要素，它是度量主运动和进给运动快慢的参数，包括切削深度、进给量和切削速度，在切削加工中又称为 3 大参数。在金属切削加工中，要根据不同的刀具材料、工件材料、加工条件、加工精度和机床性能等综合考虑选择合理的切削用量。

2.6.1 切削用量

(1) 切削深度(a_p) 车削工件上已加工表面与待加工表面之间的垂直距离叫做切削深度,又称为背吃刀量,即每次进给车刀时车刀切入工件的深度(mm)。外圆柱表面车削的切削深度计算公式为

$$a_p = \frac{d_w - d_m}{2},$$

式中,d_w 为工件待加工表面的直径(mm),d_m 为工件已加工表面的直径(mm)。

(2) 进给量(f) 刀具在进给方向上相对工件的位置移动量称为进给量,它是衡量进给运动大小的参数。可用工件每转一圈,车刀沿进给方向移动的距离表示(mm/r),也可用车刀每分钟的移动距离来表示(mm/min)。

(3) 切削速度(V_c) 在切削加工中,刀具切削刃上的某一点相对于工件待加工表面,在主运动方向上的瞬时速度称为切削速度,它是衡量主运动大小的参数(m/min)。这也可以理解为车刀在 1 min 内车削工件表面的理论展开直线长度(假定切屑没有变形或收缩)。切削速度的计算公式为

$$V_c = \frac{\pi d n}{1000},$$

式中,V_c 为切削速度(m/min),d 为工件待加工表面直径(mm),n 为车床主轴转速(r/min)。

车削时,当转速 n 值一定,工件上不同直径处的切削速度是不同的,在计算时应取最大的切削速度。在车端面或切断、切槽时,切削速度随直径的变化而变化,因此有些加工中为了保证工件表面质量,可采用恒速切削指令 G96。

在实际生产加工中,往往是已知工件的直径,根据刀具材料、工件材料和加工性质的因素来选择切削速度,再依据切削速度求出合理的主轴转速范围给到加工程序中。计算公式为

$$n = \frac{1000V_c}{\pi d}。$$

此公式在加工生产中更为实用。

2.6.2 切削用量的选择

1. 合理选择切削用量的目的

在工件材料、刀具材料、刀具几何参数、车床等切削条件一定的情况下，选择切削用量，不仅对切削阻力、切削热、积屑瘤、工件的加工精度、表面粗糙度有很大的影响，而且还与提高生产率、降低生产成本有密切的关系。虽然加大切削用量对提高生产效率有利，但过分增加切削用量却会增加刀具磨损，影响工件质量，甚至会撞坏刀具，严重时还会产生"闷车"现象，所以必须合理地选择切削用量。

合理的切削用量应满足以下要求：在保证安全生产，不发生人身、设备事故，保证工件加工质量（几何精度和表面粗糙度）的前提下，能充分地发挥机床的潜力和刀具的切削性能，在不超过机床的有效功率和工艺系统刚性所允许的额定负荷的情况下，尽量选用较大的切削用量，从而获得高的生产率和低的加工成本。

2. 选择切削用量的一般原则

（1）粗车时切削用量的选择　粗车时，加工余量较大，应主要考虑尽可能提高生产效率和保证必要的刀具寿命。对刀具寿命影响最小的是 a_p，其次是 f，影响最大的是 V_c。这是因为切削速度对切削温度影响最大，切削速度增大，导致切削温度升高，刀具磨损加快，刀具使用寿命明显下降。应首先选择尽可能大的切削深度，然后再选取合适的进给量，最后在保证刀具经济耐用度的条件下，尽可能选取较大的切削速度。

① 选择切削深度 a_p。切削深度应根据工件的加工余量和工艺系统的刚性来选择。在保留半精加工余量（1～3 mm）和精加工余量（0.1～0.5 mm）后，应尽量将剩下余量一次切除，以减小走刀次数。若总加工余量太大，一次切去所有余量将引起明显振动，或者刀具强度不允许，机床功率也不够，这时就应分两次或多次进刀，但第一次进刀深度必须选取得大一些。特别是切削

表面层有硬皮的铸铁、锻件毛坯,或切削不锈钢等冷硬现象较严重的材料时,应尽量使切削深度超过硬皮或冷硬层厚度,以免刀尖过早磨钝或破损。

② 选择进给量 f。制约进给量的主要因素是切削阻力和表面粗糙度要求。粗车时,对加工表面粗糙度要求不高,只要工艺系统的刚性和刀具强度允许,可以选较大的进给量,否则应适当减小进给量。粗车铸铁件比粗车钢件的切削深度大,而进给量小。

③ 选择切削速度 V_c。粗车时切削速度的选择,主要考虑切削的经济性,既要保证刀具的耐用度,又要保证切削负荷不超过机床的额定功率。刀具材料耐热性好,则切削速度可选高些。用硬质合金车刀比用高速钢车刀切削时的切削速度高。工件材料的强度、硬度高或塑性太大或太小,切削速度均应选取低些。断续切削(即加工不连续表面时),应取较低切削速度。

(2) 半精车和精车时切削用量的选择　半精车、精车时的切削用量,应以保证加工质量为主,并兼顾生产效率和刀具寿命。半精车、精车时的切削深度是根据加工精度和表面粗糙度要求由粗车后留下的余量确定的。半精车、精车的切削深度较小,产生的切削力不大,所以加大进给量对工艺系统的强度和刚性的影响较小,主要受表面粗糙度的限制。此时,应尽量先选择较高的切削速度,然后再选取较大的进给量。

① 选择切削速度 V_c。为了抑制切屑瘤,当用硬质合金车刀切削时,一般选用较高的切削速度(80～100 m/min,有些涂层刀具的切削速度可以达到250 m/min 以上),这样既可提高生产效率,又可提高工件表面质量。但是,采用高速钢车刀精车时,则要选用较低的切削速度(<5 m/min),以降低切削温度。

② 选择进给量 f。半精车和精车时,制约增大进给量的主要因素是表面粗糙度,尤其是精车时通常选用较小的进给量。

③ 选择切削深度 a_p。半精车和精车的切削深度,是根据加工精度和表面粗糙度要求并由粗加工后留下的余量决定的。若精车时选用硬质合金车刀,由于其刃口在砂轮上不易磨得很锋利(至少有 R0.2 mm 的刀尖圆弧)。因此,最后一刀的切削深度不易选得过小,一般要大于刀尖圆弧半径,否则很难满足工件的表面粗糙度要求。若选用高速钢车刀,则适宜较小切削深度。

(3) 大件精加工　大件精加工时为保证至少完成一次走刀，避免切削时中途换刀，在选择切削用量时一定要考虑刀具寿命及刀具材料的耐用度问题，并按零件精度和表面粗糙度来确定合理的切削用量。

(4) 单件小批量加工　单件小批量加工时，为了便于控制加工精度、及时补正精度偏差，半精车和精车时切削用量应尽量选择一致。

2.6.3　切削用量的确定

数控编程时，必须确定每道工序的切削用量，并以指令的形式写入程序中。切削用量应根据加工性质、加工要求、工件材料，以及刀具的尺寸和材料等，查阅切削手册并结合经验确定。确定切削用量时除了遵循选择切削用量的一般原则和方法外，还应考虑以下3个因素。

① 刀具差异。不同厂家生产的刀具质量差异较大，所以切削用量须根据实际所用刀具和现场经验加以修正，一般进口刀具允许的切削用量高于国产刀具。

② 机床特性。切削用量受机床电动机的功率和机床的刚性限制，必须在机床说明书规定的范围内选取，避免因功率不够发生闷车，或因刚性不足产生大的机床变形或振动，而影响加工精度和表面粗糙度。

③ 数控机床生产率。数控机床的工时费用较高，刀具损耗费用所占比重较低，应尽量用高的切削用量，通过适当降低刀具寿命来提高数控机床的生产率。

另外，采用切削性能更好的新型刀具材料，在保证工件机械性能的前提下改善工件材料加工性能，改善冷却润滑条件，改进刀具结构，提高刀具制造质量等，都是提高切削用量的有效途径。

下 篇

实 训 篇

第 3 章

数控车削的基本操作训练

3.1 华中世纪星 HNC-21T 数控系统操作面板

3.1.1 操作面板结构

数控车床操作面板类型有很多,同一数控系统,不同的厂家,其操作面板有个同,甚至同一厂家不同型号的机床,其操作面板各部分的设置及功能、操作方法都不完全相同。不同的数控系统就更不一样了。因此,必须仔细阅读机床厂家提供的操作手册,了解有关规定,确保机床的正常操作。华中世纪星 HNC-21T 是一套基于 PC 的车床 CNC 数控装置,具有开放性好、结构紧凑、集成度高、可靠性好、性能价格比高、操作维护方便的特点。其操作面板由液晶显示器、功能键、机床控制面板、MDI 键盘、MPG 手持单元和一个"急停"按钮组成,如图 3.1.1 所示。

3.1.2 软件操作界面

HNC-21T 的软件操作界面如图 3.1.2 所示,由如下 9 个部分组成。

(1) 图形显示　窗口可以根据需要用功能键[F9]设置窗口的显示内容。

(2) 菜单命令条　通过菜单命令条中的功能键[F1]~[F10]来完成系统功能的操作。

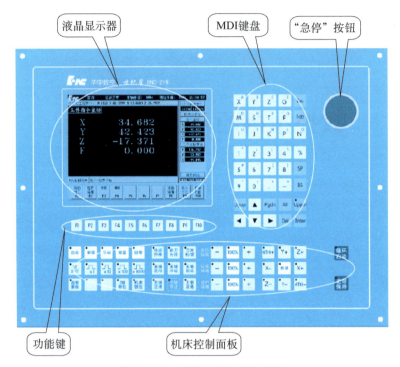

图 3.1.1 HNC-21T 操作面板

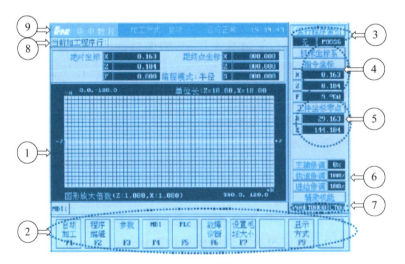

图 3.1.2 HNC-21T 的软件操作界面

(3) 运行程序索引　自动加工中的程序名和当前程序段行号。

(4) 选定坐标系下的坐标值　坐标系可在机床坐标系、工件坐标系、相对坐标系之间切换,显示值可在指令位置、实际位置、剩余进给、跟踪误差、负载电流、补偿值之间切换。

(5) 工件坐标系零点　工件坐标系零点在机床坐标系下的坐标。

(6) 倍率修调　主轴修调可选择当前主轴修调倍率;进给修调可改选择当前进给修调倍率;快速修调可选择当前快进修调倍率。

(7) 辅助机能　自动加工中的 M、S、T 代码。

(8) 当前加工程序行　当前正在或将要加工的程序段。

(9) 状态栏　显示当前加工方式、系统运行状态和当前时间,工作方式可在自动运行、单段运行、手动运行、增量运行、回零急停和复位之间切换,运行状态根据系统实际工作状态显示运行正常或出错。

操作界面中最重要的一块是菜单命令条,系统功能的操作主要通过菜单命令条中的功能键[F1]~[F10]来完成。由于每个功能包括不同的操作,菜单采用层次结构,即在主菜单下选择一个菜单项后,数控装置会显示该功能下的子菜单,用户可根据该子菜单的内容选择所需的操作,当要返回主菜单时,按子菜单下的[F10]键即可。菜单层次和菜单结构分别如图 3.1.3 和图 3.1.4 所示。

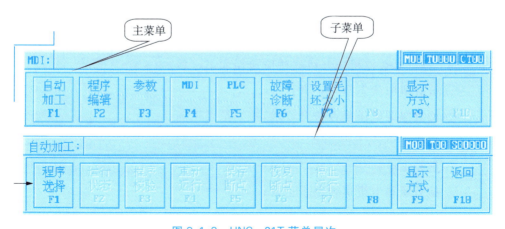

图 3.1.3　HNC-21T 菜单层次

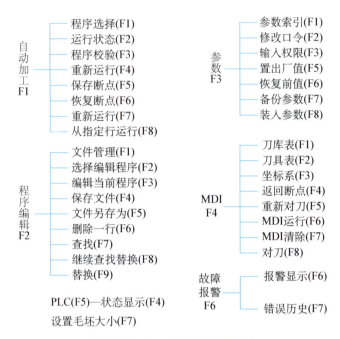

图 3.1.4　HNC‐21T 菜单结构

3.2　华中世纪星 HNC‐21T 数控系统基本操作

3.2.1　开、关机等操作

（1）开机　数控机床开机操作应遵循如下步骤：

① 检查机床状态是否正常；

② 检查电源电压是否符合要求，接线是否正确；

③ 机床上电；

④ 数控上电；

⑤ 检查风扇电机运转是否正常；

⑥ 检查面板上的指示灯是否正常。

接通数控装置电源后，HNC‐21T 自动运行系统软件，此时显示器显示系统上电界面,工作方式为"急停"。

(2) 复位　系统上电进入软件操作界面时,系统的工作方式为"急停",为控制系统运行,须左旋并拔起操作台右上角的红色急停按钮,使系统复位并接通伺服电源,系统默认进入回参考点方式,软件操作界面的工作方式变为"回零"。

(3) 返回机床参考点　控制机床运动的前提是建立机床坐标系。为此,系统接通电源、复位后首先应进行机床各轴回参考点操作。操作方法如下:

① 如果系统显示的当前工作方式不是回零方式,按一下控制面板上面的[回零]按键,确保系统处于回零方式;

② 根据 X 轴机床参数回参考点方向,按一下[+X](回参考点方向为+)或[-X](回参考点方向为-)按键,X 轴回到参考点后,[+X]或[-X]按键内的指示灯亮;

③ 用同样的方法使用[+Z][-Z]按键,使 Z 轴回参考点。

所有轴回参考点后,即建立了机床坐标系。

注意　① 在每次电源接通后,必须先完成各轴的返回参考点操作,然后再进入其他运行方式,以确保各轴坐标的正确性;

② 同时按下 X、Z 轴方向选择按键,可使 X、Z 轴同时返回参考点;

③ 在回参考点前,应确保回零轴位于参考点的回参考点方向相反侧(如 X 轴的回参考点方向为负,则回参考点前应保证 X 轴当前位置在参考点的正向侧),否则应手动移动该轴直到满足此条件;

④ 在回参考点过程中,若出现超程,请按超程解除方法说明操作,使其退出超程状态。

(4) 急停　机床运行过程中,在危险或紧急情况下,按下"急停"按钮,CNC 即进入急停状态,伺服进给及主轴运转立即停止工作(控制柜内的进给驱动电源被切断)。松开"急停"按钮(左旋此按钮,自动跳起),CNC 进入复位状态。

> 注意 ① 解除紧急停止前,先确认故障已排除;
>
> ② 紧急停止解除后应重新执行回参考点操作,以确保坐标位置的正确性;
>
> ③ 在上电和关机之前应按下急停按钮,以减少设备的电冲击。

(5)超程解除 在伺服轴行程的两端各有一个限位开关,作用是防止伺服机构碰撞而损坏。每当伺服机构碰到行程限位开关时,就会出现超程。当某轴出现超程(超程解除按键内指示灯亮)时,系统视其状态为紧急停止。超程解除步骤如下:

① 松开"急停"按钮,设置工作方式为手动或手摇方式;

② 长压"超程解除"按键(控制器会暂时忽略超程的紧急情况);

③ 在手动或手摇方式下,使该轴向相反方向退出超程状态;

④ 松开超程解除按键。

若显示屏上运行状态栏"运行正常"取代了"出错",表示恢复正常,可以继续操作。

> 注意 在操作机床退出超程状态时,务必选择正确的移动方向和移动速率,以免发生撞机。

(6)关机 数控机床开机操作应遵循如下步骤:

① 按下控制面板上的"急停"按钮,断开伺服电源;

② 断开数控电源;

③ 断开机床电源。

3.2.2 机床手动操作

华中世纪星 HNC-21T 数控机床的手动操作主要包括手动移动机床坐标轴(点动、增量、手摇)、手动控制主轴(启停、点动)、机床锁住、刀位转换、卡盘松紧、冷却液启停、手动数据输入(MDI)运行等。机床手动操作主要由手持单元和机床控制面板共同完成。机床控制面板如图 3.2.1 所示。

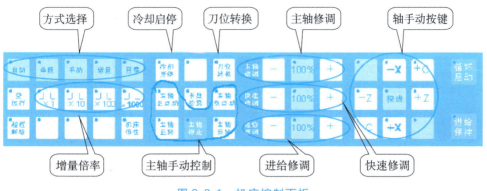

图 3.2.1　机床控制面板

1. 坐标轴移动

手动移动机床坐标轴的操作,由手持单元和机床控制面板上的方式选择、轴手动、增量倍率、进给修调、快速修调等按键共同完成。

(1) 点动进给　按一下[手动]按键,系统处于点动运行方式,可点动移动机床坐标轴。此时,按压[+X]或[-X]按键,X 轴将产生正向或负向连续移动,松开即减速停止。用同样的操作方法,使用[+Z]、[-Z]按键可使 Z 轴产生正向或负向连续移动。在点动运行方式下,同时按压 X、Z 方向的手动按键,能同时手动连续移动 X、Z 坐标轴。

(2) 点动快速移动　在点动进给时,若同时按压[快进]按键,则产生相应轴的正向或负向快速运动。

(3) 点动进给速度选择　在点动进给时,进给速率为系统参数"最高快移速度"的 1/3 乘以进给修调选择的进给倍率;点动快速移动的速率为系统参数"最高快移速度"乘以快速修调选择的快移倍率。按压进给修调或快速修调右侧的[100%]按键,进给或快速修调倍率被置为 100%,按一下[+]按键,修调倍率递增 5%,按一下[-]按键,修调倍率递减 5%。

(4) 增量进给　当手持单元的坐标轴选择波段开关置于"off"挡时,按一下控制面板上的[增量]按键,系统处于增量进给方式,可增量移动机床坐标轴。按一下[+X]或[-X]按键,X 轴将向正向或负向移动一个增量值。用同样的操作方法,使用[+Z]或[-Z]按键,可使 Z 轴向正向或负向移动一个增量值。同时按一下 X、Z 方向的手动按键,则能同时增量进给 X、Z 坐标轴。

(5) 手摇进给　当手持单元的坐标轴选择波段开关置于"X""Z"时,按一下控制面板上的[增量]按键,系统处于手摇进给方式,可手摇进给机床坐标轴。手持单元的坐标轴选择波段开关置于"X"挡,顺时针或逆时针旋转手摇脉冲发生器一格,可控制 X 轴向正向或负向移动一个增量值。用同样的操作方法使用手持单元,可以控制 Z 轴向正向或负向移动一个增量值。手摇进给方式每次只能增量进给 1 个坐标轴。

(6) 手摇倍率选择　手摇进给的增量值(手摇脉冲发生器每转一格的移动量)由手持单元的增量倍率波段开关"×1""×10""×100"控制。增量倍率波段开关的位置和增量值的对应关系见表 3.2.1。

表 3.2.1　手摇进给增量倍率表

位置	×1	×10	×100
增量值/mm	0.001	0.01	0.1

2. 主轴控制

主轴手动控制由机床控制面板上的主轴手动控制按键完成。

(1) 主轴正转　在手动方式下,按一下[主轴正转]按键,主电机以机床参数设定的转速正转,直到按压[主轴停止]或[主轴反转]按键。

(2) 主轴反转　在手动方式下,按一下[主轴反转]按键,主电机以机床参数设定的转速反转,直到按压[主轴停止]或[主轴主转]按键。

(3) 主轴停止　在手动方式下,按一下[主轴停止]按键,主电机停止运转。

注意　[主轴正转]、[主轴反转]、[主轴停止]这几个按键互锁,即按一下其中一个(指示灯亮),其余两个失效(指示灯灭)。

(4) 主轴点动　在手动方式下,可用[主轴正点动]、[主轴负点动]按键,点动转动主轴。按压[主轴正点动]或[主轴负点动]按键,主轴将产生

第3章 数控车削的基本操作训练

正向或负向连续转动;松开[主轴正点动]或[主轴负点动]按键,主轴即减速停止。

(5) 主轴速度修调　主轴正转及反转的速度可通过[主轴修调]调节。按压[主轴修调]右侧的[100%]按键,主轴修调倍率被置为 100% ,按一下[+]按键,主轴修调倍率递增 5%,按一下[-]按键,主轴修调倍率递减 5%。

注意　机械齿轮换挡时,主轴速度不能修调。

3. 机床锁住

机床锁住禁止机床所有运动。在手动运行方式下,按一下[机床锁住]按键,再手动操作,系统继续执行,显示屏上的坐标轴位置信息变化,但不输出伺服轴的移动指令,所以机床停止不动。

4. 其他手动操作

(1) 刀位转换　在手动方式下,按一下[刀位转换]按键,转塔刀架转动一个刀位。

(2) 冷却启动与停止　按一下[冷却开停]按键,冷却液打开;再按一下[冷却开停]键,冷却液关闭。

5. 手动数据输入(MDI)运行

在主操作界面下按[MDI]键([F4])进入 MDI 功能子菜单,命令行与菜单条的显示如图 3.2.2 所示。

图 3.2.2　MDI 功能子菜单

在 MDI 功能子菜单下按[F6],进入 MDI 运行方式,命令行的底色变成白色,并且光标闪烁,如图 3.2.3 所示,这时可以从 NC 键盘输入并执行一个 G 代码指令段,即 MDI 运行。

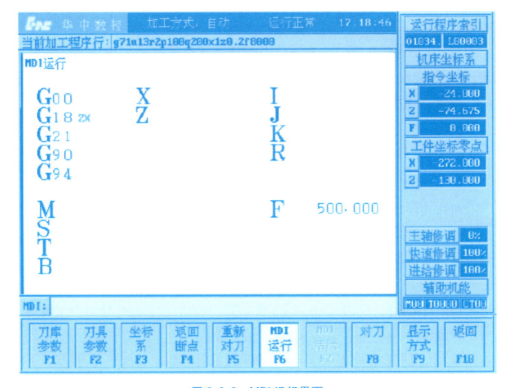

图 3.2.3 MDI 运行界面

注意 自动运行过程中,不能进入 MDI 运行方式,可在进给保持后进入。

MDI 输入的最小单位是一个有效指令字。因此,输入一个 MDI 运行指令段可以有下述两种方法:

① 一次输入,即一次输入多个指令字的信息;
② 多次输入,即每次输入一个指令字信息。

在输入命令时,可以在命令行看见输入的内容,在按[Enter]键之前,发现输入错误,可用[BS]、[▶]、[◀]键编辑;在输入 MDI 数据后,按[F7]键可清除当前输入的所有尺寸字数据(其他指令字依然有效),显示窗口内 X、Z、I、K、R 等字符后面的数据全部消失,此时可重新输入新的数据。

在输入完一个 MDI 指令段后,按一下操作面板上的[循环启动]键,系统即开始运行所输入的 MDI 指令。如果输入的 MDI 指令信息不完整或存在语法错误,系统会提示相应的错误信息,此时不能运行 MDI 指令。在系统正在运行 MDI 指令时,按[F7]键可停止 MDI 运行。

3.2.3 程序输入与文件管理

在软件操作界面下按[F2]键进入编辑功能子菜单,命令行与菜单条的显示如图 3.2.4 所示。

图 3.2.4 编辑功能子菜单

在编辑功能子菜单下,可以编辑、存储与传递零件程序,以及管理文件。

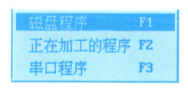

图 3.2.5 选择编辑程序子菜单

1. 选择编辑程序

在编辑功能子菜单下,按[F2]键,将弹出如图 3.2.5 所示的选择编辑程序菜单。

其中,按[磁盘程序保存]([F1])选择在电子盘、硬盘、软盘或网络路径上的文件;按[正在加工的程序]选择当前已经选择存放在加工缓冲区的一个加工程序;按[串口程序]选择由串口输入的一个加工程序。

2. 程序编辑

(1) 编辑当前程序 当编辑器获得一个零件程序后,就可以编辑当前程序了。但是,在编辑过程中退出编辑模式后再返回到编辑模式时,如果零件程序不处于编辑状态,可在编辑功能子菜单下按[F3]键进入编辑状态。

编辑过程中用到的主要快捷键如下:

[Del]:删除光标后的一个字符,光标位置不变,余下的字符左移一个字符位置;

[Pgup]:使编辑程序向程序头滚动一屏,光标位置不变,如果到了程序头,则光标移到文件首行的第一个字符处;

[Pgdn]:使编辑程序向程序尾滚动一屏,光标位置不变,如果到了程序尾,则光标移到文件末行的第一个字符处;

[BS]:删除光标前的一个字符,光标向前移动一个字符位置,余下的字符左移一个字符位置;

[◀]:使光标左移一个字符位置;

[▶]:使光标右移一个字符位置;

[▲]:使光标向上移一行;

[▼]:使光标向下移一行。

(2) 删除一行　在编辑状态下,按[F6]键将删除光标所在的程序行。

(3) 程序存储　在编辑状态下按[F4]键可将当前编辑程序存盘。

3.2.4　程序运行

在主界面下按[F1]键,进入程序运行子菜单,命令行与菜单条的显示,如图3.2.6所示。在程序运行子菜单下可以装入检验并自动运行一个零件程序。

图3.2.6　程序运行子菜单

1. 选择运行程序

在程序运行子菜单下,按[F1]键将弹出如图3.2.7所示的选择运行程序子菜单,按[Esc]键可取消该菜单。

2. 程序校验

程序校验用于校验调入加工缓冲区的零件程序,并提示可能的错误。以前未在机床上

图3.2.7　选择运行程序子菜单

运行的新程序在调入后最好先校验运行,正确无误后再启动自动运行。程序校验运行的操作步骤如下:

① 调入要校验的加工程序;

② 按机床控制面板上的[自动]按键进入程序运行方式;

③ 在程序运行子菜单下,按[F3]键,此时软件操作界面的工作方式显示改为"校验运行";

④ 按机床控制面板上的[循环启动]按键程序校验开始;

⑤ 若程序正确,校验完后,光标将返回到程序头,且软件操作界面的工作方式显示改回为"自动";若程序有错,命令行将提示程序的哪一行有错。

注意 ① 校验运行时,机床不动作;

② 为确保加工程序正确无误,应选择程序校验图形显示方式来观察校验运行的结果;

③ 红色为 G00 运动轨迹,黄色为 G01 运动轨迹,注意观察运行轨迹有无撞刀、误切等现象。

3. 启动自动运行

系统调入零件加工程序,经校验无误后,可正式启动运行。

① 按一下机床控制面板上的[自动]按键,进入程序运行方式;

② 按一下机床控制面板上的[循环启动]按键,机床开始自动运行调入的零件加工程序。

4. 单段运行

按一下机床控制面板上的[单段]按键(指示灯亮),系统处于单段自动运行方式,程序控制将逐段执行:

① 按一下[循环启动]按键,运行一程序段,机床运动轴减速停止,刀具、主轴电机停止运行;

② 再按一下[循环启动]按键,又执行下一程序段,执行完了后又重新停止。

5. 运行时干预

(1) 进给速度修调 在自动方式或 MDI 运行方式下,当 F 代码编程的进给速度偏高或偏低时,可用[进给修调]右侧的[100％]和[＋]、[－]按键修调程序中编制的进给速度。按压[100％]按键,进给修调倍率被置为100％,按一下按键[＋],进给修调倍率递增5％,按一下按键[－],进给修调倍率递减5％。

（2）快移速度修调　在自动方式或MDI运行方式下,可用快速修调右侧的[100％]和[＋]、[－]按键,修调G00快速移动时系统参数"最高快移速度"设置的速度。按压[100％]按键,快速修调倍率被置为100％,按一下[＋]按键,快速修调倍率递增5％,按一下[－]按键快速修调倍率递减5％。

（3）主轴修调　在自动方式或MDI运行方式下,当S代码编程的主轴速度偏高或偏低时,可用主轴修调右侧的[100％]和[＋]、[－]按键修调程序中编制的主轴速度。按压[100％]按键,主轴修调倍率被置为100％,按一下[＋]按键主轴修调倍率递增5％,按一下[－]按键,主轴修调倍率递减5％。

注意　机械齿轮换挡时,主轴速度不能修调。

（4）机床锁住　禁止机床坐标轴动作。在自动运行开始前,按一下[机床锁住]按键,再按[循环启动]按键,系统继续执行程序,显示屏上的坐标轴位置信息变化,但不输出伺服轴的移动指令,所以机床停止不动。这个功能用于校验程序。

注意　① 在机床锁住状态下,即便是G28、G29功能,刀具也不运动到参考点；

② 此时机床辅助功能M、S、T仍然有效；

③ 在自动运行过程中,按[机床锁住]按键机床锁住无效；

④ 在自动运行过程中,只在运行结束时,方可解除机床锁住；

⑤ 每次执行此功能后,须重新进行回参考点操作。

3.3 对刀与参数设定

3.3.1 工件坐标系设定

用工件试切法及 G92 X_ Z_指令建立工件坐标系,假设工件原点设在右端面与轴线交点,具体操作步骤如下。

1. 返回机床参考点

按上述步骤操作,使机床返回参考点,建立坐标系,此时机床坐标显示"X 0.000""Z 0.000"。

2. 试切工件

(1) Z 轴

① 将工件按要求装夹可靠;

② 手动(或手摇进给,速度倍率用 X100 挡)快速将刀具移动到工件附近;

③ 将进给速度调到 20% 左右;或手摇进给,用速度倍率 X10 挡切削;

④ 试切工件端面,并沿 X 轴退出(此时刀具不能有 Z 方向的移动),如图 3.3.1 所示,观察此时的机床 Z 轴坐标值;

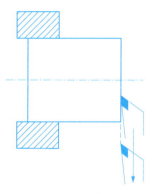

图 3.3.1　Z 轴试切

⑤ 用 MDI 功能输入"G92　Z0"并确定;

⑥ 按[单段运行]按键;

⑦ 按[循环启动]。此时机床没有运动,但可观察到界面上工件坐标原点的 Z 坐标值和机床坐标 Z 轴的值变为一致。

(2) X 轴

① 手动试切工件外圆,并沿 Z 轴退出(此时刀具不能有 X 方向的移动),如图 3.3.2 所示,观察此时的机床 X 轴坐

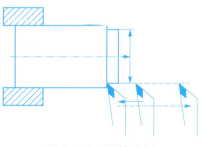

图 3.3.2　X 轴试切

标值;

② 停止主轴,测量试切外圆直径 ϕ 值;

③ 用 MDI 功能输入"G92 Xϕ",并确定;

④ 按[单段运行]按键;

⑤ 按[循环启动]。此时机床没有运动,但可观察到工件原点 X 的坐标值等于机床坐标 X 值加上 $-\phi$。至此,工件原点的坐标就设定完整了。

3. 将刀具移动到相对工件原点 XαZβ 的位置

① 用 MDI 功能输入"G90 G00　Xα　Zβ"并确认;

② 按[单段运行]按键;

③ 按[循环启动],刀具移动至相对工件原点 XαZβ 的位置。

4. 测量此时刀具相对工件原点的位置

可用游标卡尺等量具测量此时刀尖点相对工件原点的位置,比如输入"G92 X 100　Z 100",此时刀尖应该位于 X 向距离工件轴心 50 mm、Z 向距离端面 100 mm 的位置。

5. 采用验证程序检验

参考验证程序如下:

```
%0001
G92 X100  Z100;
M03 S500;
G00 X32 Z5;
G01 X0 F50;
    Z0;
G00 X100 Z100;
M05;
M30;
```

注意 ① 建议单段方式运行程序,重点观察"G92 X100　Z100"程序的运行结果。

② 运行"G92 X100 Z100"段时只是记录刀具此时的位置,拟在相对该点 X 轴负方向 100、Z 轴负方向 100 的位置设立工件原点,刀具并没有任何动作。因此,在执行 G92 指令之前,必须确定刀具停在(X100,Z100)的位置,否则运行程序的时候可能会发生撞刀事故,非常危险。

③ 程序结束时刀具的位置也必须与程序开始时刀具的位置重合。

④ 机床不正常停机后重新开机时,必须重新对刀方能运行程序,否则可能发生事故。

3.3.2　工件坐标系选择(零点偏置)

在编写程序中经常会采用 G54~G59,选择工件坐标系以方便多刀对刀和编程。这些指令也适用于在一个工件上设置多个工件坐标系的情况。具体操作步骤如下。

1. 返回机床参考点

按上述步骤操作,使机床返回参考点,建立坐标系,此时机床坐标显示 X 0.000、Z 0.000。

2. 试切工件

(1) Z 轴

① 试切工件端面,并沿 X 轴退出(此时刀具不能有 Z 方向的移动),观察此时的机床 Z 轴坐标值;

② 按[设置]→[自动坐标系]找到程序中所指定的某个寄存器(G54~G59 中的一个,如 G54),在"Z"后面输入此时的机床 Z 轴坐标值。

(2) X 轴

① 手动试切工件外圆,并沿 Z 轴退出(此时刀具不能有 X 方向的移动),观察并记录此时的机床 X 轴坐标值;

② 停止主轴,测量试切外圆直径 ϕ 值;

③ 计算刀具到工件轴心时,机床坐标系下的 X 值,即 X＝X＋(－φ)。

④ 按[设置]→[自动坐标系]找到程序中所指定的某个寄存器(G54～G59 中的一个,如 G54),在"X"后面输入该计算值 X。

至此,程序中所指定的零点偏置寄存器中的 X、Z 都已经输入完成,即工件原点的坐标值已存入相应零点偏置寄存器中,对刀完成。由此可知,G54～G59 寄存器中的值,就是工件原点在机床坐标系下的坐标值。

3. 验证程序检验

参考验证程序如下:

```
%0001
G54 G00 X100   Z100;
M03 S500;
G00 X32 Z5;
G01 X0 F50;
    Z0;
G00 X100 Z150;
M05;
M30;
```

注意 ① 建议选择单段方式运行程序。

② 运行"G54 G00 X100 Z100"段时刀具有动作,刀具运动到相对工件原点 X 轴正方向 100、Z 轴正方向 100 的位置。因此,在执行 G54 指令之前,刀具无须停在(X100,Z100)的位置。

③ 程序结束时刀具的位置也无须与程序开始时刀具的位置重合,因为工件原点坐标已存入寄存器内。

④ 程序中用到多把刀具时,每把刀具应对应一个不同的寄存器,对刀操作重复上述步骤。

3.3.3 偏置法对刀

这是针对数控车床专门开发的一种快捷的对刀方式,确定工件原点在机床坐标系中的坐标值,即为偏置值。在实际加工中该对刀方法应用最为普遍。

假设某工件加工时需要4把刀具,分别为外圆车刀、切断刀、内孔车刀和螺纹车刀。装刀时首先要确保刀具中心高度的准确,方能保证零件的加工精度。

外圆车刀安装在1号刀位,所选刀偏号为0001,在程序中指令为T0101;切断刀安装在2号刀位,所选刀偏号为0002,在程序中指令为T0202;内孔车刀安装在3号刀位,所选刀偏号为0003,在程序中指令为T0303;螺纹车刀安装在4号刀位,所选刀偏号为0004,在程序中指令为T0404。假设工件原点设定在工件右端面与轴线的交点(本书后续例题工件原点均采用该设定方案)。各刀具偏置法对刀操作步骤介绍如下。

1. 建立机床坐标系

对刀前先要建立机床坐标系,即返回机床参考点操作。

2. 外圆车刀(1号刀)对刀

将T01号刀调到试切位置,快速将刀具移动到工件附近。

(1) Z 轴

① 手动试切工件端面,并沿 X 轴退出,观察此时的机床 Z 轴坐标值。

② 打开刀偏表,如图3.3.3所示,激活0001刀偏号下的试切长度栏,输入"0",按[确定]键,此时在 Z 偏置栏中就会显示1号刀在机床坐标系下的 Z 轴坐标值。

(2) X 轴

① 手动试切工件外圆,并沿 Z 轴退出,观察此时的机床 X 轴坐标值。

② 停止主轴,测量试切外圆的直径 ϕ 值,激活0001刀偏号下的试切直径栏,输入所测量的直径 ϕ 值,按[确定]键。此时, X 偏置栏的值显示为1号刀在机床坐标系下的 X 坐标值减去试切直径值, $X=X+(-\phi)$。

至此,外圆车刀的偏置法对刀完成,0001刀偏号下的 X 偏置和 Z 偏置值

刀偏号	X偏置	Z偏置	X磨损	Z磨损	试切直径	试切长度
#XX0	0.000	0.000	0.000	0.000	0.000	0.000
#XX1	0.000	0.000	0.000	0.000	0.000	0.000
#XX2	0.000	0.000	0.000	0.000	0.000	0.000
#XX3	0.000	0.000	0.000	0.000	0.000	0.000
#XX4	0.000	0.000	0.000	0.000	0.000	0.000
#XX5	0.000	0.000	0.000	0.000	0.000	0.000
#XX6	0.000	0.000	0.000	0.000	0.000	0.000
#XX7	0.000	0.000	0.000	0.000	0.000	0.000
#XX8	0.000	0.000	0.000	0.000	0.000	0.000
#XX9	0.000	0.000	0.000	0.000	0.000	0.000
#XX10	0.000	0.000	0.000	0.000	0.000	0.000
#XX11	0.000	0.000	0.000	0.000	0.000	0.000
#XX12	0.000	0.000	0.000	0.000	0.000	0.000

图 3.3.3　刀偏表

就确定了，此偏置值即为工件原点在机床系中的坐标值。

3. 切断刀（2 号刀）对刀

将 T02 号刀调到试切位置，快速将刀具移动到刀工件附近。

（1）Z 轴

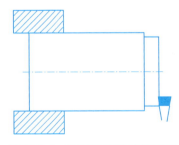

图 3.3.4　切断刀接触试切端面

① 以手摇进给方式将刀具刚好靠到外圆车刀（1 号刀）所车的工件端面上，如图 3.3.4 所示，注意刀具接近工件的速度要慢，将要接触时选择 X10 或 X1 倍率挡进给，仔细观察，当出现一丝切削时立即停止进给。

② 激活 0002 刀偏号下的试切长度栏，输入"0"，按［确定］键，此时在 Z 偏置栏中就会显示 2 号刀在机床坐标系下的 Z 轴坐标值。

（2）X 轴

① 手动试切工件外圆，并沿 Z 轴退出，如图 3.3.5 所示，观察此时的机床 X 轴坐标值。

② 停止主轴，测量试切外圆的直径 ϕ 值。激活 0002 刀偏号下的试切直

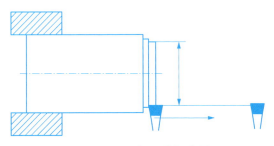

图 3.3.5 切断刀试切外圆

径栏,输入所测量的直径 φ 值,按[确定]键,此时 X 偏置栏的值显示为 2 号刀在机床坐标系下的 X 坐标值减去试切直径值,X=X+(-φ)。

至此,切断刀的偏置法对刀完成,0002 刀偏号下的 X 偏置和 Z 偏置值就确定了。

4. 内孔车刀(3 号刀)对刀

将 T03 号刀调到试切位置,快速将刀具移动到刀工件附近。

(1) Z 轴

① 以手摇进给方式将刀具刚好靠到外圆车刀所车的工件端面上,如图 3.3.6 所示。

② 激活 0003 刀偏号下的试切长度栏,输入"0",按[确定]键,此时在 Z 偏置栏中就会显示 3 号刀在机床坐标系下的 Z 轴坐标值。

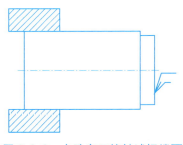

图 3.3.6 内孔车刀接触试切端面

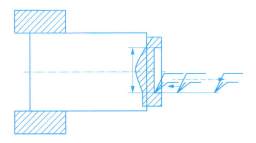

图 3.3.7 内孔车刀试切内孔

(2) X 轴

① 手动试切工件内孔,并沿 Z 轴退出,如图 3.3.7 所示,观察此时的机床 X 轴坐标值。

② 停止主轴,测量试切内孔的直径 φ 值。激活 0003 刀偏号下的试切直径栏,输入所测量的直径 φ 值,按[确定]键,此时 X 偏置栏的值

显示为 3 号刀在机床坐标系下的 X 坐标值减去试切直径值,X＝X＋(－φ)。

至此,内孔车刀的偏置法对刀完成,0003 刀偏号下的 X 偏置和 Z 偏置值就确定了。

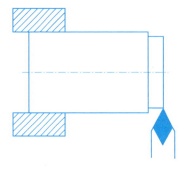

图 3.3.8　螺纹车刀刀尖对齐试切端面

5. 螺纹车刀(4 号刀)对刀

(1) Z 轴

① 以手摇进给方式将螺纹车刀的刀尖对齐外圆车刀所车的工件端面,如图 3.3.8 所示。由于螺纹的轴向长度尺寸无精度要求,因此螺纹车刀的 Z 轴对刀精度亦无要求,只需肉眼观察对齐即可。

② 激活 0004 刀偏号下的试切长度栏,输入"0",按[确定]键,此时在 Z 偏置栏中就会显示 4 号刀在机床坐标系下的 Z 轴坐标值。

(2) X 轴

① 手动试切工件外圆,并沿 Z 轴退出,如图 3.3.9 所示,观察此时的机床 X 轴坐标值。

② 停止主轴,测量试切外圆的直径 φ 值。激活 0004 刀偏号下的试切直径栏,输入所测量的直径 φ 值,按[确定]键,此时 X 偏置栏的值显示为 4 号刀在机床坐标系下的 X 坐标值减去试切直径值,X＝X＋(－φ)。

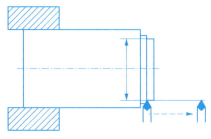

图 3.3.9　螺纹车刀试切外圆

注意　由于偏置法对刀方式也是直接将工件原点的坐标值存入寄存器,因此程序开始执行前刀具可以停在任意位置,程序结束时刀具也无须回到起点。

3.4 数控车削零件自动加工一般操作流程

数控车削零件自动加工的一般操作流程如下。

① 开机。

② 机床回零。

③ 选择合适的方式装夹工件。

④ 选择合适的刀具,正确装夹并对刀(建议使用偏置法对刀)。

⑤ 输入或选择调用已有程序。

⑥ 程序校验,验证程序是否有语法错误或走刀路线错误等,排除超程、撞刀等危险。具体操作如下:菜单栏选择"程序"([F1])→"程序校验"([F4])→"显示切换"([F9]),显示程序检验界面(网格界面)→按[循环启动]键。此时,机床并无动作,而界面显示走刀轨迹,红色轨迹代表快速走刀路线,黄色轨迹代表切削走刀路线,观察是否有红线穿过工件发生撞刀现象等程序错误,修改程序直至正确。

⑦ 模拟加工。选择工件图形界面(蓝色界面),在机床锁住的条件下按[循环启动]键,此时主轴、刀架可按程序指令旋转,但工作台不会移动。在界面上可以观察模拟加工过程,可重新检查是否有撞刀、误切等错误,以及成品零件的形状是否正确。

> **注意** 由于刀架有旋转动作,因此需确认刀架停在合适的位置,旋转时不会碰撞卡盘等床身其他部件。

⑧ 首件试切。解除"机床锁住",按[循环启动]键。试切加工一个工件,观察加工过程、测量工件尺寸,以确定程序及切削参数是否正确、合适。

⑨ 自动加工。程序调试好后即可自动加工。

第 4 章

简单零件编程与加工训练

4.1 外圆面和端面车削编程与加工训练

外圆面和端面车削加工是数控车床加工的基础。

4.1.1 简单阶梯轴加工

例 18 简单阶梯轴加工实训

编程加工如图 4.1.1 所示的简单阶梯轴,材料为铝,毛坯尺寸为 $\phi 42 \times 40$。

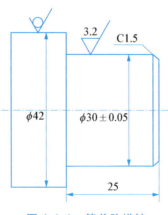

图 4.1.1 简单阶梯轴

1. 制定零件加工工艺规程

(1) 分析零件　该零件为单阶梯轴,材料为铝,其结构仅为带倒角的外圆柱面,比较简单,全部由直线轮廓组成,用一把外圆车刀即可完成。由于尺寸精度达 IT9 级公差要求,表面粗糙度值为 $Ra3.2$,因此要分粗车和精车两个工步,粗车去除大部分加工余量,留下直径 0.5 mm 精车加工余量;粗车时不加工倒角,精车时要求沿零件外形轮廓连续走刀,一次加工完成。

(2) 确定加工工艺路线

① 粗车外圆,直径留 0.5 mm 的余量,长度为 25 mm;

② 精车轮廓至尺寸要求。

(3) 确定工件装夹方案　用三爪自定心卡盘夹持 42 mm 外圆,保证工件伸出卡盘的长度不小于 30 mm。

(4) 选择刀具　选择 90°硬质合金车刀,安装于 T01 号刀位,刀尖方位号 3 号。

(5) 确定切削用量　切削用量见表 4.1.1 所示。

表 4.1.1　例 18 切削用量

序号	加工面	刀具编号	刀具类型	主轴转速 n/(r/min)	进给量 f/(mm/min)
1	粗车 ϕ30 mm 外圆面	T01	硬质合金车刀	600	180
2	精车 ϕ30 mm 外圆面	T01	硬质合金车刀	1000	100

(6) 制定加工工序卡　加工工序卡见表 4.1.2。

表 4.1.2　例 18 工序卡

零件名称	简单阶梯轴	数量	1	设备及系统	毛坯规格
零件材料	铝	尺寸单位	mm	华中世纪星	ϕ42 棒料
工序	名称	工艺要求			
1	锯切下料	ϕ42×40			

续 表

工序	名称	工艺要求					
		工步	工步内容	刀具编号	刀具类型	主轴转速 $n/(\text{r/min})$	进给量 $f/(\text{mm/min})$
2	数控车削	1	粗车 $\phi30$ 外圆,留余量 0.5 mm	T01	硬质合金车刀	600	180
		2	精车 $\phi30$ 外圆至尺寸要求	T01	硬质合金车刀	1000	150

(7) 计算数值 精加工零件轮廓尺寸有偏差时,编程应取极限尺寸的中值,即:

编程尺寸=基本尺寸+(上偏差+下偏差)/2。

在本例中,$\phi30\pm0.05$ 外圆的编程尺寸 = 30 + [0.05 + (-0.05)]/2 = 30。

2. 编制加工程序

加工参考程序见表 4.1.3。

表 4.1.3 例 18 参考程序

程序号:O0018		
程序段号	程序内容	程序说明
N10	%0018	程序号
N20	M03 S600	主轴正转,转速为 600 r/min
N30	T0101	调用 1 号车刀及 1 号刀补
N40	M08	打开切削液
N50	G00 X44 Z2	刀具快速移动到切削起点
N60	X38	快速进刀,准备粗车 $\phi30$ mm 外圆第一刀,切削深度为 2 mm
N70	G01 Z-25 F180	粗车 $\phi30$ mm 外圆第一刀
N80	X44	刀具沿 $\phi42$ mm 外圆端面切出工件

续 表

程序段号	程序内容	程序说明
N90	G00 Z2	快速返回切削起点
N100	X34	快速进刀,准备粗车 $\phi 30$ mm 外圆第二刀,切削深度为 2 mm
N110	G01 Z-25	粗车 $\phi 30$ mm 外圆第二刀
N120	X44	刀具沿 $\phi 42$ mm 外圆端面切出工件
N130	G00 Z2	快速返回切削起点
N140	X30.5	快速进刀,准备粗车 $\phi 30$ mm 外圆最后一刀,切削深度为 1.75 mm
N150	G01 Z-25	粗车 $\phi 30$ mm 外圆最后一刀
N160	X44	刀具沿 $\phi 42$ mm 外圆端面切出工件
N170	G00 Z2	快速返回切削起点
N180	M05	主轴停转
N190	M09	关闭切削液
N200	M03 S1000	主轴正转,转速为 1000 r/min
N210	M08	打开切削液
N220	G00 X0	快速定位到工件轴线右侧 2 mm 处
N230	G01 Z0 F100	刀具切削至右端面中心
N240	X27	车削工件右端面
N250	X30 Z-1.5	车削 C1.5 倒角
N260	Z-25	精车 $\phi 30$ mm 外圆至尺寸要求
N270	X44	刀具沿 $\phi 42$ mm 外圆端面切削出工件
N280	G00 X100 Z100	快速退刀,回到换刀点
N290	M05	主轴停转
N300	M09	关闭切削液
N310	M30	程序结束

3. 加工实训

按第 3 章 3.4 数控车削零件自动加工一般操作流程步骤操作加工零件。

4.1.2 多阶梯轴加工

例 19 多阶梯轴加工实训

编程加工如图 4.1.2 所示的多阶梯轴,材料为铝,毛坯尺寸为 $\phi 30 \times 40$,未注倒角均为 $1 \times 45°$。

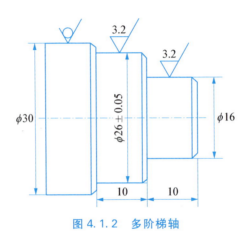

图 4.1.2 多阶梯轴

1. 制定零件加工工艺规程

(1) 分析零件 该零件为多阶梯轴,材料为铝,其结构为多个带倒角的外圆柱阶梯面,全部由直线轮廓组成。尺寸精度为 IT9 级公差要求,表面粗糙度值为 $Ra3.2$,要分粗车和精车两个工步。粗车去除大部分加工余量,留下直径为 0.5 mm 的精车加工余量;精车时要求沿零件外形轮廓连续走刀,一次加工完成。

(2) 确定加工工艺路线

① 粗车外圆,留 0.5 mm 的精车余量。

② 精车轮廓至尺寸要求。

(3) 确定工件装夹方案 用三爪自定心卡盘夹持 $\phi 30$ mm 外圆,保证工件伸出卡盘的长度不小于 30 mm。

(4) 选择刀具 可以选择两把90°硬质合金车刀分别进行粗加工和精加工,分别安装于T01号和T02号刀位,刀尖方位号为3号。

(5) 确定切削用量 切削用量见表4.1.4。

表 4.1.4 例 19 切削用量

序号	加工面	刀具编号	刀具类型	主轴转速 $n/(\mathrm{r/min})$	进给量 $f/(\mathrm{mm/min})$
1	粗车外轮廓面	T01	硬质合金车刀	600	180
2	精车外轮廓面	T02	硬质合金车刀	1000	100

(6) 制定加工工序卡 加工工序卡见表4.1.5。

表 4.1.5 例 19 工序卡

零件名称	多阶梯轴	数量	1		设备及系统		毛坯规格	
零件材料	铝	尺寸单位	mm		华中世纪星		$\phi30$ 棒料	
工序	名称			工艺要求				
1	锯切下料			$\phi30\times40$				
2	数控车削	工步	工步内容	刀具编号	刀具类型	主轴转速 $n/(\mathrm{r/min})$	进给量 $f/(\mathrm{mm/min})$	
		1	粗车外轮廓面	T01	硬质合金车刀	600	180	
		2	精车外轮廓面	T02	硬质合金车刀	1000	100	

(7) 计算数值 精加工零件轮廓尺寸有偏差存在时,编程应取极限尺寸的中值。在本例中,$\phi26\pm0.05$外圆的编程尺寸$=26+[0.05+(-0.05)]/2=26$。

2. 编制加工程序

加工参考程序见表4.1.6。

表 4.1.6　例 19 加工参考程序

程序号：O0019

程序段号	程序内容	程序说明
N10	%0019	
N20	M03 S600	主轴正转,转速为 600 r/min
N30	T0101	调用粗车刀具 1 号刀及 1 号刀补
N40	M08	打开切削液
N50	G00 X32 Z2	刀具快速移动到切削起点
N60	G71 U2 R1 P140 Q210 X0.5 Z0.1 F180	用复合循环指令 G71 沿精加工路线（N140 段至 N210 段）粗车去除大余量,精车余量 X 轴方向留 0.5 mm, Z 轴方向留 0.1 mm
N70	G00 X100 Z100	粗车结束回到换刀点
N80	M05	主轴停止
N90	M09	切削液停止
N100	T0202	调用精车刀具 2 号刀及 2 号刀补
N110	M03 S1000	变换主轴转速为 1000 r/min
N120	M08	打开切削液
N130	G00 X32 Z2	快速返回切削起点
N140	G00 X0	精加工程序首段,刀具沿 X 轴负方向移动,快速定位到工件轴线右侧 2 mm 处
N150	G01 Z0 F100	刀具切削至右端面中心
N160	X16 C1	精车工件右端面,用直线后倒角指令倒第一个角
N170	Z-10	精车 $\phi16$ mm 外圆
N180	X26 C1	倒第二个角
N190	Z-20	精车 $\phi26$ mm 外圆
N200	X28	精车 $\phi30$ mm 外圆端面
N210	X32 Z-22	精加工程序末段,倒第三个角至延长线,离开工件

续 表

程序段号	程序内容	程序说明
N220	G00 X100 Z100	快速退刀,回到换刀点
N230	M05	主轴停转
N240	M09	关闭切削液
N250	M30	程序结束

3. 加工实训

按第 3 章 3.4 数控车削零件自动加工一般操作流程步骤操作加工零件。

4.2 圆锥面和圆弧面车削编程与加工训练

4.2.1 多圆锥面轴加工

例 20 多圆锥面轴加工实训

编程加工如图 4.2.1 所示的多圆锥面轴,材料为铝,毛坯尺寸为 $\phi 40 \times 60$。

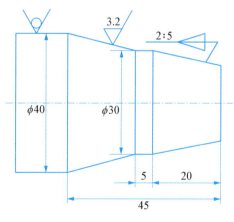

图 4.2.1 多圆锥面轴

1. 制定零件加工工艺规程

(1) 分析零件 该零件为多圆锥面轴,材料为铝,其结构由多个圆锥面组成。由于表面粗糙度值为 $Ra3.2$,因此要分粗车和精车两个工步,粗车去除大部分加工余量,留下直径为 0.5 mm 的精车加工余量。

(2) 确定加工工艺路线

① 粗车外圆,留 0.5 mm 的精车余量;

② 精车轮廓至尺寸要求。

(3) 确定工件装夹方案　用三爪自定心卡盘夹持 ϕ40 mm 外圆,保证工件伸出卡盘的长度不小于 50 mm。

(4) 选择刀具　选择一把 90°硬质合金车刀,安装于 T01 号刀位。

(5) 确定切削用量　切削用量见表 4.2.1。

表 4.2.1　例 20 切削用量

序号	加工面	刀具编号	刀具类型	主轴转速 n/(r/min)	进给量 f/(mm/min)
1	粗车外轮廓面	T01	硬质合金车刀	600	180
2	精车外轮廓面	T01	硬质合金车刀	1000	100

(6) 制定加工工序卡　加工工序卡见表 4.2.2。

表 4.2.2　例 20 加工工序卡

零件名称	多圆锥轴	数量	1	设备及系统		毛坯规格	
零件材料	铝	尺寸单位	mm	华中世纪星		ϕ40 棒料	
工序	名称	工艺要求					
1	锯切下料	ϕ40×70					
2	数控车削	工步	工步内容	刀具编号	刀具类型	主轴转速 n/(r/min)	进给量 f/(mm/min)
		1	粗车外轮廓面	T01	硬质合金车刀	600	180
		2	精车外轮廓面	T01	硬质合金车刀	1000	100

(7) 计算数值　第一段(长度 20 mm)圆锥以锥度标注,根据锥度定义可计算圆锥右端面直径为 $\phi22$ mm。

2. 编制加工程序

(1) 加工参考程序　参考程序见表 4.2.3。

表 4.2.3　例 20 加工参考程序

程序号:O0020

程序段号	程序内容	程序说明
N10	%0020	
N20	M03 S600	
N30	T0101	调用 1 号刀及 1 号刀补
N40	M08	
N50	G00 X42 Z2	刀具快速移动到切削起点
N60	G71 U2 R1 P150 Q220 X0.5 Z0.1 F180	用复合循环指令 G71 沿精加工路线(N150 段至 N220 段)粗车去除大余量,精车余量 X 轴方向留 0.5 mm,Z 轴方向留 0.1 mm
N70	G00 X100 Z100	
N80	M05	
N90	M09	
N100	M00	粗车结束,程序暂停,测量尺寸
N110	T0101	重新调用 1 号刀及 1 号刀补,此时已加入磨损值
N120	M03 S1000	
N130	M08	
N140	G00 X42 Z2	
N150	G42 G00 X0	精加工程序首段,刀具沿 X 轴负方向移动,快速定位到工件轴线右侧 2 mm 处,建立右偏刀具补偿
N160	G01 Z0 F100	
N170	X22	

续 表

程序段号	程序内容	程序说明
N180	X30 Z-20	
N190	Z-25	
N200	X40 Z-45	
N210	Z-46	
N220	X42	精加工程序末段,刀具离开工件
N230	G40 G00 X100 Z100	取消刀具补偿,快速退刀,回到换刀点
N240	M05	
N250	M09	
N260	M30	

(2) 程序补充说明　该程序在粗车结束加入 M00 指令,使程序无限时暂停,是为了测量粗加工件尺寸。若有误差,可以打开刀具偏置表(见第 3 章图 3.3.3),在精车刀具所对应的刀补号(该程序为 01 号)下输入磨损值,以调整刀具位置,保证零件精加工尺寸精度。比如,ϕ30 mm 外圆面粗车结束时尺寸应为 30.5 mm,若此时测量值为 30.3 mm,则 X 磨损值应输入 0.2;若此时测量值为 30.7 mm,则 X 磨损值应输入 －0.2。之后重新调用刀补号就能在原有偏置值上叠加磨损值。重新按[循环启动]按钮,程序即从暂停的下一行继续运行。

该程序在加工锥面时加入刀具补偿。例如,前置刀架车床,根据进给路线应设置右偏刀具补偿。须注意,应在刀具接近工件段建立补偿,在刀具离开工件之后取消补偿,以免刀具碰撞工件。

3. 加工实训

按第 3 章 3.4 数控车削零件自动加工一般操作流程步骤操作加工零件。

4.2.2　简单圆弧面轴加工

例 21　简单圆弧面轴加工实训

编程加工如图 4.2.2 所示简单圆弧面轴,材料为铝,毛坯尺寸 $\phi32\times35$,未注倒角为 $1\times45°$。

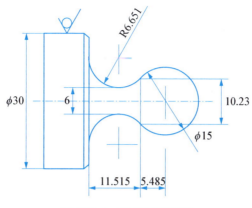

图 4.2.2 简单圆弧面轴

1. 制定零件加工工艺规程

(1) 分析零件 该零件为简单圆弧面轴,材料为铝,其轮廓为两圆弧面相切组成。轮廓加工分粗车和精车两个工步,粗车去除大部分加工余量,留下直径为 0.5 mm 的精车加工余量。

(2) 确定加工工艺路线

① 粗车外圆弧面,留 0.5 mm 的精车余量。

② 精车轮廓至尺寸要求。

(3) 确定工件装夹方案 用三爪自定心卡盘夹持 φ30 mm 棒料,保证工件伸出卡盘的长度不小于 28 mm。

(4) 选择刀具 该圆弧成型面较浅,可以选用外圆车刀来加工。为保证刀具不与工件相碰,车刀需选择合适参数。选择一把 35°数控车刀,安装于 T01 号刀位。

(5) 确定切削用量 切削用量见表 4.2.4。

表 4.2.4 例 21 切削用量

序号	加工面	刀具编号	刀具类型	主轴转速 n	进给量 $f/(mm/min)$
1	粗车外轮廓面	T01	35°数控车刀	600 r/min	180
2	精车外轮廓面	T01	35°数控车刀	根据线速度 60 m/min 调整	80

(6) 制定加工工序卡　加工工序卡见表 4.2.5。

表 4.2.5　例 21 加工工序卡

零件名称	简单圆弧面轴	数量		1	设备及系统		毛坯规格	
零件材料	铝	尺寸单位		mm	华中世纪星		φ30 棒料	
工序	名称				工艺要求			
1	锯切下料				φ30×35			
2	数控车削		工步	工步内容	刀具编号	刀具类型	主轴转速 n	进给量 $f/(mm/min)$
			1	粗车外轮廓面	T01	35°数控车刀	500 r/min	180
			2	精车外轮廓面	T01	35°数控车刀	根据线速度 60 m/min 调整	80

2. 编制加工程序

(1) 加工参考程序　参考程序见表 4.2.6。

表 4.2.6　例 21 加工参考程序

程序号:O0021

程序段号	程序内容	程序说明
N10	%0021	
N20	M03 S600	
N30	T0101	调用 1 号刀及 1 号刀补
N40	M08	
N50	G00 X30 Z2	刀具快速移动到切削起点
N60	G71 U2 R1 P170 Q230 E0.5 F180	用复合循环指令 G71 沿精加工路线（N170 段至 N230 段）粗车去除大余量，精车余量沿轮廓线等高留 0.5 mm
N70	G00 X100 Z100	

续 表

程序段号	程序内容	程序说明
N80	M05	
N90	M09	
N100	M00	粗车结束,程序暂停,测量尺寸
N110	T0101	重新调用1号刀及1号刀补(加磨损)
N120	M03 S1000	
N130	M08	
N140	G96 S60	恒线速度有效,线速度为60 m/min
N150	G46 X600 P1200	限定主轴转速范围:600～1200 r/min
N160	G00 X30 Z2	
N170	G42 G00 X0	精加工程序首段,刀具沿X轴负方向移动,快速定位到工件轴线右侧2 mm处,建立右偏刀具补偿
N180	G01 Z0 F80	
N190	G03 X10.23 Z-12.985 R7.5	用逆圆指令加工第一段圆弧面
N200	G02 X19.302 Z-24.5 R6.651	用顺圆指令加工第二段圆弧面
N210	G01 X30 C1	加工ϕ30 mm轴端面,用直线后倒直角指令倒1×45°角
N220	Z-26	
N230	X32	精加工程序末段,刀具离开工件
N240	G40 G00 X100 Z100	取消刀具补偿,快速退刀,回到换刀点
N250	G97 S300	取消恒线速度功能,设定主轴按300 r/min旋转
N260	M05	
N270	M09	
N280	M30	

(2) 程序补充说明

① 该零件表面有过象限圆弧,选用 G71 带凹槽加工指令(地址符不使用 X_Z_,而是用 E_),以轮廓等高线计算粗加工路线。

② 该程序 G71 粗加工循环起点的 X 轴坐标值与毛坯直径相等,这样设置可以避免粗加工第一刀进给时刀尖与毛坯氧化皮摩擦而造成崩刀。

③ 该程序以前置刀架车床为例,顺圆和逆圆按前置刀架坐标系确定。

④ 该零件主体部分均为圆弧面,直径变化较大,因此采用恒线速度加工模式,以保证表面精度。

3. 加工实训

按 3.4 数控车削零件自动加工一般操作流程步骤操作加工零件。

4.2.3 多圆弧面轴加工

例 22 多圆弧面轴加工实训

编程加工如图 4.2.3 所示的多圆弧面轴,材料为铝,毛坯尺寸为 $\phi 30 \times 35$。

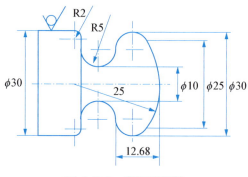

图 4.2.3 多圆弧面轴

1. 制定零件加工工艺规程

(1) 分析零件 该零件为多圆弧面轴,材料为铝,其结构由多个圆弧面组成。轮廓加工分粗车和精车两个工步,粗车去除大部分加工余量,留下直径为 0.5 mm 的精车加工余量。

(2) 确定加工工艺路线 ①粗车外圆弧面,留 0.5 mm 的精车余量。

② 精车轮廓至尺寸要求。

（3）确定工件装夹方案　用三爪自定心卡盘夹持 $\phi 30$ mm 棒料，保证工件伸出卡盘的长度不小于 28 mm。

（4）选择刀具　该零件圆弧成型面较深，若选用 90°外圆车刀加工会产生刀具干涉，因此选用一把圆头车刀（球刀），安装于 T01 号刀位。球刀刀尖方位号若选为 3 号，如图 4.2.4 所示，其对刀方式同外圆车刀。球刀半径值输入刀尖圆弧半径补偿寄存器中。

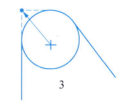

图 4.2.4　球刀刀尖方位号

（5）确定切削用量　切削用量见表 4.2.7。

表 4.2.7　例 22 切削用量

序号	加工面	刀具编号	刀具类型	主轴转速 n	进给量 $f/(\text{mm/min})$
1	粗车外轮廓面	T01	直径为 6 mm 的球刀	600 r/min	200
2	精车外轮廓面	T01	直径为 6 mm 的球刀	根据线速度 60 m/min 调整	80

（6）制定加工工序卡　加工工序卡见表 4.2.8。

表 4.2.8　例 22 加工工序卡

零件名称	多圆弧轴	数量	1		设备及系统		华中世纪星	毛坯规格	$\phi 30$ 棒料
零件材料	铝	尺寸单位	mm						
工序	名称				工艺要求				
1	锯切下料				$\phi 30 \times 35$				
2	数控车削		工步	工步内容	刀具编号	刀具类型	主轴转速 n	进给量 $f/(\text{mm/min})$	
			1	粗车外轮廓面	T01	直径 6 mm，球刀	600 r/min	180	
			2	精车外轮廓面	T01	直径 6 mm，球刀	根据线速度 60 m/min 调整	80	

(7)计算数值 由已知尺寸及圆弧相切关系可计算出图 4.2.5 所示的两个未标注尺寸,方便编程。

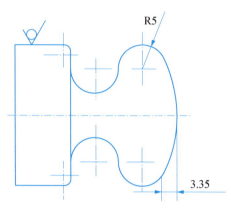

图 4.2.5 计算未标注尺寸

2. 编制加工程序

(1)加工参考程序 参考程序见表 4.2.9。

表 4.2.9 例 22 加工参考程序

程序号:O0022

程序段号	程序内容	程序说明
N10	%0022	
N20	M03 S600	
N30	T0101	调用 1 号刀及 1 号刀补
N40	M08	
N50	G00 X40 Z4	刀具快速移动到切削起点
N60	G71 U2 R1 P170 Q250 E0.5 F180	用复合循环指令 G71 沿精加工路线(N170 段至 N250 段)粗车去除大余量,精车余量沿轮廓线等高留 0.5 mm
N70	G00 X100 Z100	
N80	M05	

续 表

程序段号	程序内容	程序说明
N90	M09	
N100	M00	粗车结束,程序暂停,测量尺寸
N110	T0101	重新调用1号刀及1号刀补(加磨损)
N120	M03 S1000	
N130	M08	
N140	G96 S60	
N150	G46 X600 P1200	
N160	G00 X40 Z4	
N170	G42 G00 X-3	精加工程序首段,刀具沿X轴负方向移动,快速定位到工件右侧4 mm、轴线内侧3 mm处,建立右偏刀具补偿
N180	G01 Z0 F80	
N190	X0	
N200	G03 X25 Z-3.35 R25	用逆圆指令加工第一段圆弧面
N210	X20 Z 12.68 R5	用逆圆指令加工第二段圆弧面
N220	G02 X20 Z-22.68 R5	用顺圆指令加工第三段圆弧面
N230	G01 X30 R2	加工ϕ30 mm轴端面,用直线后倒圆角指令倒R2圆角
N240	Z-26	
N250	X40	精加工程序末段,刀具离开工件
N260	G40 G00 X100 Z100	取消刀具补偿,快速退刀,回到换刀点
N270	G97 S300	
N280	M05	
N290	M09	
N300	M30	

(2)程序补充说明 由于选用球刀加工工件,精加工路线可做一点设计,把起始切削点定在(X-3,Z4)的位置,在切削圆弧之前加一段直线插补指令走刀到(X0,Z0)点。这样可以保证圆弧右端点光滑。

由于选用球刀加工工件,刀具补偿的建立和取消都应离开工件有足够的距离,至少大于球刀直径,以免碰撞工件。

3. 加工实训

按第3章3.4数控车削零件自动加工一般操作流程步骤操作加工零件。

4.3 切断和沟槽车削编程与加工训练

根据结构的需要,轴上一般会带有槽,根据槽的形状、尺寸不同,加工方法及刀具选择都会有所不同。切断刀(槽刀)有左右两个刀位点(位于刀尖上)。在用于加工工件时,对刀一定要和程序编制时采用的刀位点重合。通常,切断刀都采用左刀尖作为加工时的刀位点。

切断和切槽的加工工艺基本相同,刀刃宽度及切削用量的选择不宜过大。

4.3.1 直槽加工

例23 直槽加工实训

编程加工如图4.3.1所示带直槽轴零件,已知材料为铝,毛坯尺寸 $\phi 25 \times 70$,未注倒角为 $1 \times 45°$。

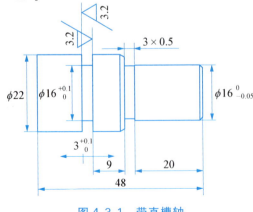

图4.3.1 带直槽轴

1. **制定零件加工工艺规程**

(1) 分析零件　该零件为带直槽轴,材料为铝,其结构上有两个直槽,其中 $\phi16\times3$ 槽有精度和表面粗糙度要求。轮廓加工分粗车和精车两个工步,粗车去除大部分加工余量,留下直径为 0.5 mm 精车的加工余量。3×0.5 槽没有精度要求,可直接用 3 mm 槽刀一次切削到位。$\phi16\times3$ 槽须用 2.5 mm 硬质合金外槽刀分两次进刀切削,以保证公差要求,且转速适当提高以保证表面粗糙度要求。另外,槽刀切削到槽底部时,停留 2 s,既保证槽底的加工质量,又保护刀具,提高刀具寿命。

(2) 确定加工工艺路线

① 粗车外轮廓,留 0.5 mm 的精车余量。

② 精车轮廓至尺寸要求。

③ 切 3×0.5 槽(深 0.5)。

④ 切 $\phi16\times3$ 槽,分两次进刀车削,两次车削轨迹在宽度上应有重叠。

⑤ 切断,保证长度尺寸,转速需调低,进给过程中退刀 1 mm 排屑。

(3) 确定工件装夹方案　用三爪自定心卡盘夹持 $\phi25$ mm 棒料,保证工件伸出卡盘的长度不小于 60 mm。

(4) 选择刀具　该零件外轮廓面选用一把 90°外圆车刀粗加工和精加工,安装于 T01 号刀位;选用一把 3 mm 外槽刀加工 3×0.5 直槽(深 0.5 mm),另一把 2.5 mm 外槽刀加工 $\phi16\times3$ 槽,分别安装于 T02 和 T03 号刀位,刀尖方位号为 0 号。

(5) 确定切削用量　切削用量见表 4.3.1 所示。

表 4.3.1　例 23 切削用量

序号	加工面	刀具编号	刀具类型	主轴转速 $n/(\text{r/min})$	进给量 $f/(\text{mm/min})$
1	粗车外轮廓面	T01	90°外圆车刀	600	180
2	3×0.5 槽	T03	3 mm 外槽刀	400	60
3	$\phi16\times3$ 槽	T04	2.5 mm 外槽刀	800	50
4	切断	T03	3 mm 外槽刀	300	40

(6) 制定加工工序卡　加工工序卡见表 4.3.2。

表 4.3.2 例 23 加工工序卡

零件名称	带直槽轴	数量	1		设备及系统		毛坯规格	
零件材料	铝	尺寸单位	mm		华中世纪星		$\phi 25$ 棒料	
工序	名称			工艺要求				
1	锯切下料			$\phi 25 \times 70$				
2	数控车削	工步	工步内容	刀具编号	刀具类型		主轴转速 $n/(\text{r/min})$	进给量 $f/(\text{mm/min})$
		1	粗车外轮廓面	T01	90°外圆车刀		600	180
		2	3×0.5 槽	T03	3 mm 硬质合金外槽刀		400	60
		3	$\phi 16 \times 3$ 槽	T04	2.5 mm 硬质合金外槽刀		800	50
		4	切断	T03	3 mm 硬质合金外槽刀		300	40

（7）计算数值　精加工零件轮廓尺寸有偏差存在时，编程应取极限尺寸的中值。在本例中，$\phi 16_{-0.05}^{0}$ 外圆的编程尺寸＝16＋[0＋(－0.05)]/2＝15.975，$\phi 16_{0}^{0.1}$ 外圆的编程尺寸＝16＋(0.1＋0)/2＝16.05，$3_{0}^{0.1}$ 槽宽的编程尺寸＝3＋(0.1＋0)/2＝3.05。

2. 编制加工程序

（1）加工参考程序　程序见表 4.3.3。

表 4.3.3 例 23 加工参考程序

程序号：O0023		
程序段号	程序内容	程序说明
N10	%0023	
N20	M03 S500	
N30	T0101	调用 1 号刀及 1 号刀补

续 表

程序段号	程序内容	程序说明
N40	M08	
N50	G00 X25 Z2	
N60	G71 U2 R1 P150 Q210 X0.5 Z0.1 F180	加工外轮廓时图形不过象限,用G71不带凹槽指令
N70	G00 X100 Z100	
N80	M05	
N90	M09	
N100	M00	粗车结束,程序暂停,测量尺寸
N110	T0101	重新调用1号刀及1号刀补(加磨损)
N120	M03 S1000	
N130	M08	
N140	G00 X25 Z2	
N150	G01 X0 F100	精加工程序首段
N160	Z0	
N170	X15.975 C1	
N180	Z-23	
N190	X22 C1	
N200	Z-51	
N210	X26	精加工程序末段,刀具离开工件
N220	G00 X100 Z100	
N230	M05	
N240	M09	
N250	T0202	换3 mm槽刀2号刀及2号刀补
N260	M03 S400	

续 表

程序段号	程序内容	程序说明
N270	M08	
N280	G00 X25 Z-23	
N290	G01 X15 F60	
N300	G04 X2	停留2 s修光
N310	X23	
N320	G00 X100 Z100	
N330	M05	
N340	M09	
N350	T0303	换2.5 mm槽刀3号刀及3号刀补
N360	M03 S800	转速调高以保证表面粗糙度
N370	M08	
N380	G00 X23 Z-34.5	
N390	G01 X16.05 F50	车槽第一刀
N400	G04 X2	
N410	X23	
N420	Z-35.05	车槽第二刀
N430	X16.05	
N440	G04 X2	
N450	X23	
N460	G00 100 100	
N470	M05	
N480	M09	
N490	T0202	换3 mm槽刀2号刀及2号刀补
N500	M03 S300	转速调低切断

第4章 简单零件编程与加工训练

续 表

程序段号	程序内容	程序说明
N510	M08	
N520	G00 X25 Z-51	
N530	G01 X14 F40	第一刀进给切削深度为 4 mm
N540	X15	退刀 1 mm 排屑
N550	X6	第二刀进给切削深度为 4 mm
N560	X7	退刀 1 mm 排屑
N570	X0	第三刀进给切削深度为 3 mm,切断
N580	X25	工进速度退刀,离开工件
N590	G00 X100 Z100	
N600	M05	
N610	M09	
N620	M30	

（2）程序补充说明　切断加工或者切深槽加工时,不能一刀直接切削到位,须分几次进刀,每次退刀 1 mm 排屑。切断程序段结束后,刀具不能直接沿斜线快速退回换刀点,须先沿 X 轴正方向以工进速度退刀至离开工件,再快速退回换刀点。若在切断过程中槽刀出现断刀现象,导致工件实际未切断,直接快速退回换刀点则刀具与工件发生碰撞。因此,先沿 X 轴正方向以工进速度退刀至离开工件,一来避免撞刀危险,二来不会刮花端面。

3. 加工实训

按第 3 章 3.4 数控车削零件自动加工一般操作流程步骤操作加工零件。

4.3.2　斜槽加工

例 24　斜槽加工实训

编程加工如图 4.3.2 所示带斜槽短轴零件,已知材料为铝,毛坯尺寸

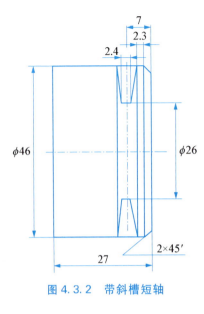

图4.3.2 带斜槽短轴

$\phi 50 \times 45$。

1. 制定零件加工工艺规程

本例重点讲解斜槽加工,外圆切削及切断加工不再赘述。

（1）分析零件　该零件为带斜槽短轴,材料为铝,其结构上有一个斜槽,轮廓均为直线,采用槽刀斜进的方式进行加工。

（2）确定加工工艺路线　外槽刀直进切除大余量；外槽刀斜进切削到尺寸要求。

（3）确定工件装夹方案　用三爪自定心卡盘夹持 $\phi 50$ mm 棒料,保证工件伸出卡盘长度不小于 35 mm。

（4）选择刀具　对于斜槽的加工,根据槽的斜度大小选择刀具。如斜度较小,可采用较大副偏角的外圆车刀加工；如斜度大,应选用槽刀加工。该零件斜槽斜度较大,选用 2 mm 外槽刀加工,安装于 T02 号刀位,刀尖方位号 0 号。

（5）确定切削用量　切削用量如表 4.3.4 所示。

表 4.3.4　例 24 切削用量

序号	加工面	刀具编号	刀具类型	主轴转速 $n/(r/min)$	进给量 $f/(mm/min)$
1	斜槽(直进切除余量)	T02	2 mm 外槽刀	800	60
2	斜槽(斜进)	T02	2 mm 硬质合金外槽刀	800	60

（6）制定加工工序卡　加工工序卡如表 4.3.5。

表 4.3.5　例 24 加工工序卡

零件名称	带斜槽轴	数量	1		设备及系统		毛坯规格	
零件材料	铝	尺寸单位	mm		华中世纪星		φ50 棒料	
工序	名称			工艺要求				
1	锯切下料			φ50×45				
2	数控车削	工步	工步内容	刀具编号	刀具类型		主轴转速 $n/(\text{r/min})$	进给量 $f(\text{mm/min})$
		1	斜槽（直进切除余量）	T02	2 mm 外槽刀		800	60
		2	斜槽（斜进）	T02	2 mm 外槽刀		800	60

(7) 计算数值　本例需认真计算槽刀的走刀轨迹数值。以槽刀左端点计算轨迹,第一刀直进切削起始点为(X48,Z-8);第二刀斜进切削加工槽右端面,起始点为(X48,Z-6.3),切削终点为(X26,Z-7.8);第三刀斜进切削加工槽左端面,起始点为(X48,Z-9.7),切削终点为(X26,Z-8.2)。

2. 编制加工程序

加工参考程序见表 4.3.6(假设外轮廓面已加工完成)。

表 4.3.6　例 24 加工参考程序

程序号:O0024		
程序段号	程序内容	程序说明
N10	%0024	
N20	M03 S800	
N30	T0202	
N40	M08	
N50	G00 X48 Z-8	
N60	G01 X26 F60	直进切削切除大余量
N70	X48	

续 表

程序段号	程序内容	程序说明
N80	S800	
N90	G00 Z-6.3	槽刀左刀点位置
N100	G01 X26 Z-7.8 F60	斜进加工斜槽右端面
N110	X48	
N120	G00 Z-9.7	槽刀左刀点位置
N130	G01 X26 Z-8.2	斜进加工斜槽左端面
N140	X48	
N150	G00 X100 Z100	
N160	M05	
N170	M09	
N180	M30	

3. 加工实训

按第 3 章 3.4 数控车削零件自动加工一般操作流程步骤操作加工零件。

4.3.3 端面槽加工

例 25 端面槽加工实训

编程加工如图 4.3.3 所示带端面槽轴零件,已知材料为铝,毛坯尺寸 $\phi40\times35$。

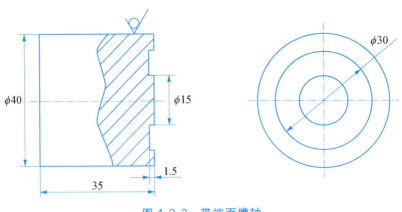

图 4.3.3 带端面槽轴

1. 制定零件加工工艺规程

本例重点讲解端面槽加工,外圆及端面加工不再赘述。

(1) 分析零件 该零件为带端面槽轴,材料为铝,其端面上有一值槽,采用一把外槽刀分 3 次进给加工。

(2) 确定加工工艺路线 精加工槽至深 1.5 mm,槽底停留 2 min 修光。

(3) 确定工件装夹方案 用三爪自定心卡盘夹持 $\phi 40$ mm 棒料,保证工件伸出卡盘长度不小于 10 mm。

(4) 选择刀具 选择 3 mm 宽端面槽刀,安装于 T02 号刀位。注意安装方向,应使刀柄平行于 Z 轴,且用右端点对刀。

(5) 确定切削用量 切削用量见表 4.3.7。

表 4.3.7 例 25 切削用量

序号	加工面	刀具编号	刀具类型	主轴转速 $n/(r/min)$	进给量 $f/(mm/min)$
1	精车端面槽	T02	3 mm 端面槽刀	800	60

(6) 制定加工工序卡 加工工序卡见表 4.3.8。

表 4.3.8 例 25 加工工序卡

零件名称	带端面槽轴	数量	1	设备及系统		毛坯规格	
零件材料	铝	尺寸单位	mm	华中世纪星		$\phi 40$ 棒料	
工序	名称	工艺要求					
1	锯切下料	$\phi 40 \times 35$					
2	数控车削	工步	工步内容	刀具编号	刀具类型	主轴转速 $n/(r/min)$	进给量 $f/(mm/min)$
		1	精车端面槽	T02	3 mm 端面槽刀	800	60

(7) 计算数值 本例端面槽须分 3 次进刀切削,须认真计算槽刀的走刀轨迹数值。因为以槽刀右刀点对刀,所以也应以右刀点计算轨迹。第一刀切

削起始点为(X24,Z2),切削终点为(X24,Z-1.5);第二刀切削起始点为(X19,Z2),切削终点为(X19,Z-1.5);第三刀切削起始点为(X15,Z2),切削终点为(X15,Z-1.5)。

2. 编制加工程序

加工参考程序见表4.3.9(假设外轮廓面及端面已加工完成)。

表4.3.9 例25加工参考程序

程序号:O0025

程序段号	程序内容	程序说明
N10	%0025	
N20	M03 S800	
N30	T0202	
N40	M08	
N50	G00 X24 Z2	快进到第一刀起始点
N60	G01 Z-1.5 F60	车槽第一刀
N70	G04 X2	停留2 min 修光
N80	G01 Z2	退刀
N90	X19	快进到第二刀起始点
N100	Z-1.5	车槽第二刀
N110	G04 X2	停留2 min 修光
N120	G01 Z2	退刀
N130	X15	快进到第三刀起始点
N140	Z-1.5	车槽第三刀
N150	G04 X2	停留2 min 修光
N160	G01 Z2	退刀
N170	G00 X100 Z100	
N180	M05	
N190	M09	
N200	M30	

3. 加工实训

按 3.4 数控车削零件自动加工一般操作流程步骤操作加工零件。

4.4 复合性简单轮廓零件编程与加工训练

4.4.1 圆锥圆弧复合轴零件加工

例 26 圆锥圆弧复合轴零件加工实训

编程加工如图 4.4.1 所示圆锥圆弧复合轴零件,材料为铝,毛坯尺寸 $\phi 40 \times 180$。

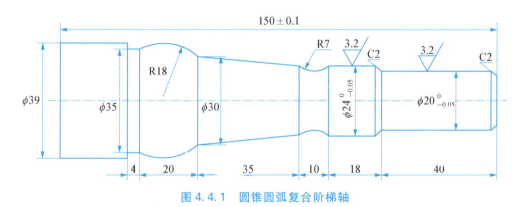

图 4.4.1 圆锥圆弧复合阶梯轴

1. 制定零件加工工艺规程

(1) 分析零件 该零件为圆锥圆弧复合轴,材料为铝,其结构由多个外圆柱面、圆锥面、圆弧面复合组成。由于尺寸精度达 IT9 级公差要求,表面粗糙度值为 $Ra3.2$,因此要分粗车和精车两个工步:粗车去除大部分加工余量,留下直径 0.5 mm 精车加工余量;精车时要求沿零件外形轮廓连续走刀,一次加工完成。

(2) 确定加工工艺路线 粗车外圆,直径留 0.5 mm 精车余量;精车轮廓至尺寸要求。

(3) 确定工件装夹方案 由于工件伸出卡盘距离较长,为保证工件刚度,应采用一夹一顶方法装夹工件。左端三爪自定心卡盘夹持 $\phi 40$ mm 棒料,保证工件伸出卡盘长度不小于 160 mm;右端先用中心钻打一定位孔,再用顶尖固定。

(4) 选择刀具　选择一把 90°硬质合金车刀加工外轮廓,安装于 T01 刀位;选择一把 4 mm 宽切断刀用于切断工件,安装于 T02 刀位。

(5) 确定切削用量　切削用量见表 4.4.1。

表 4.4.1　例 26 切削用量

序号	加工面	刀具编号	刀具类型	主轴转速 $n/(\text{r/min})$	进给量 $f/(\text{mm/min})$
1	粗车外轮廓面	T01	硬质合金车刀	600	120
2	精车外轮廓面	T01	硬质合金车刀	1000	100
3	切断	T02	4 mm 外槽刀	300	40

(6) 制定加工工序卡　加工工序卡见表 4.4.2。

表 4.4.2　例 26 加工工序卡

零件名称	圆锥圆弧复合阶梯轴	数量	1	设备及系统		毛坯规格	
零件材料	铝	尺寸单位	mm	华中世纪星		$\phi 40$ 棒料	
工序	名称			工艺要求			
1	锯切下料			$\phi 40 \times 180$			
2	数控车削	工步	工步内容	刀具编号	刀具类型	主轴转速 $n/(\text{r/min})$	进给量 $f/(\text{mm/min})$
		1	粗车外轮廓面	T01	硬质合金车刀	600	180
		2	精车外轮廓面	T01	硬质合金车刀	1000	100
		3	切断	T02	4 mm 外槽刀	300	40

(7) 计算数值　精加工零件轮廓尺寸有偏差存在时,编程应取极限尺寸的中值。$\phi 20_{-0.05}^{0}$ 外圆的编程尺寸 = 20 + [0 + (- 0.05)]/2 = 19.975,$\phi 24_{-0.05}^{0}$ 外圆的编程尺寸 = 24 + [0 + (- 0.05)]/2 = 23.975,零件总长 150 ±

0.1 的编程尺寸=150+[0.1+(-0.1)]/2=150。

2. 编制加工程序

(1) 加工参考程序 参考程序见表 4.4.3。

表 4.4.3 例 26 加工参考程序

程序段号	程序内容	程序说明
	程序号:O0026	
N10	%0026	
N20	M03 S500	
N30	T0101	调用 1 号刀及 1 号刀补
N40	M08	
N50	G00 X40 Z1	
N60	G71 U2 R1 P150 Q260 E0.5 F200	用复合循环指令 G71 沿精加工路线(N150 段至 N260 段)粗车去除大余量
N70	G00 X100 Z100	
N80	M05	
N90	M09	
N100	M00	粗车结束,程序暂停,测量尺寸
N110	T0101	重新调用 1 号刀及 1 号刀补(加磨损)
N120	M03 S1000	
N130	M08	
N140	G00 X40 Z1	
N150	G42 X14	精加工程序首段
N160	G01 X19.975 Z-2 F100	
N170	W-40	Z 轴增量进给-40
N180	X23.975 W-2	
N190	W-16	
N200	G02 X23.975 W-10 R7	
N210	G01 X30 W-35	

续 表

程序段号	程序内容	程序说明
N220	G03 X35 W-20 R18	
N230	G01 W-4	
N240	X39	
N250	Z-154	
N260	X40	精加工程序末段,刀具离开工件
N270	G40 G00 X100 Z100	
N280	M05	
N290	M09	
N300	T0202	调用4 mm槽刀2号刀及2号刀补
N310	M03 S300	转速调低切断
N320	M08	
N330	G00 X41 Z-154	
N340	G01 X30 F40	第一刀进给切削深度5 mm
N350	X31	退刀1 mm排屑
N360	X20	第二刀进给切削深度5 mm
N370	X21	退刀1 mm排屑
N380	X10	第三刀进给切削深度5 mm
N390	X11	退刀1 mm排屑
N400	X0	第四刀进给切削深度5 mm,切断
N410	X25	工进速度退刀,离开工件
N410	G00 X100 Z100	
N420	M05	
N430	M09	
N440	M30	

(2) 程序补充说明　由于该零件图采用连续标注方式,Z轴坐标值用相对值更容易计算和编程,因此采用了绝对值和相对值混合编程的方式。在程

序中 Z 轴坐标值用相对值编程 W 地址符表示,而 X 轴仍用绝对值编程。由于用顶尖装夹工件,要注意走刀路线的安排,切勿使刀具碰撞顶尖,且工件右端面不能再加工。

3. 加工实训

按第 3 章 3.4 数控车削零件自动加工一般操作流程步骤操作加工零件。

4.4.2 圆锥圆弧直槽复合零件加工

例 27　圆锥圆弧直槽复合零件加工实训

编程加工如图 4.4.2 所示圆锥圆弧直槽复合零件,材料为铝,毛坯尺寸 $\phi30\times65$。

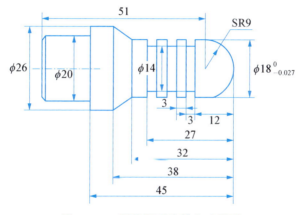

图 4.4.2　圆锥圆弧直槽复合零件

1. 制定零件加工工艺规程

(1) 分析零件　该零件为圆锥圆弧直槽复合轴,材料为铝,其结构由外圆柱面、圆锥面、圆弧面和多个直槽复合组成,且需掉头加工。外轮廓分粗车和精车两个工步:粗车去除大部分加工余量,留下直径 0.5 mm 精车加工余量;精车时要求沿零件外形轮廓连续走刀,一次加工完成。3 个直槽无精度要求,可用 3 mm 宽槽刀一次加工完成。

(2) 确定加工工艺路线

① 粗车 $\phi20\times15$ 外圆及 $\phi26$ 外圆,直径留 0.5 mm 精车余量。

② 精车 $\phi20\times15$ 外圆及 $\phi26$ 外圆轮廓至尺寸要求。

③ 掉头粗车长度 38 外轮廓,直径留 0.5 mm 精车余量。

④ 精车长度 38 外轮廓至尺寸要求。

⑤ 加工 3 个直槽。

(3) 确定工件装夹方案　该零件需掉头加工。第一次装夹,三爪自定心卡盘夹持 ϕ30 mm 棒料,伸出长度不小于 30 mm,加工 ϕ20×15 外圆及 ϕ26 外圆;第二次掉头装夹,三爪自定心卡盘夹持 ϕ20×15 外圆,卡盘顶住轴肩,加工长度 38 外轮廓,注意要用铜皮包裹保护已加工面,为保证同轴度,需用百分表找正。

(4) 选择刀具　选择一把 90°硬质合金车刀加工外轮廓,安装于 T01 刀位,刀补号 01。工件掉头装夹后外圆车刀需重新对刀输入偏置值,刀补号 11,此时 Z 轴对刀方式略有不同。外圆车刀车好端面沿 X 轴退出之后,刀偏表的"试切长度"栏不能直接输入 0,而应在不取下工件的情况下测量工件总长(或者测量除了 ϕ20×15 轴段之外的长度,再加上 15),计算该总长值跟要求的工件总长尺寸之差,输入"试切长度"栏。如测量值为 63.25 mm,则 63.25－60＝3.25(mm),输入"试切长度"3.25。同时,程序中起刀点和循环起点的 Z 轴坐标值应大于该试切长度。外圆车刀 X 轴无需重新对刀。选择一把 3 mm 宽硬质合金外槽刀,安装于 T02 刀位。

(5) 确定切削用量　切削用量见表 4.4.4。

表 4.4.4　例 27 切削用量

序号	加工面	刀具编号	刀具类型	主轴转速 n/(r/min)	进给量 f/(mm/min)
1	粗车 ϕ20×15 外圆面及 ϕ26 外圆	T01	硬质合金车刀	600	180
2	精车 ϕ20×15 外圆面及 ϕ26 外圆	T01	硬质合金车刀	1000	100
3	粗车长度 38 外轮廓面	T01	硬质合金车刀	600	180
4	精车长度 38 外轮廓面	T01	硬质合金车刀	1000	100
5	车直槽	T02	3 mm 外槽刀	400	50

(6) 制定加工工序卡　加工工序卡见表 4.4.5。

表 4.4.5　例 27 加工工序卡

零件名称	圆锥圆弧直槽复合阶梯轴	数量		1	设备及系统		毛坯规格	
零件材料	铝	尺寸单位		mm	华中世纪星		ϕ30 棒料	
工序	名称			工艺要求				
1	锯切下料			ϕ30×65				
2	数控车削	工步	工步内容		刀具及刀补编号	刀具类型	主轴转速 $n/(\text{r/min})$	进给量 $f/(\text{mm/min})$
		1	粗车 ϕ20×15 外圆面及 ϕ26 外圆		T0101	硬质合金车刀	600	180
		2	精车 ϕ20×15 外圆面及 ϕ26 外圆		T0101	硬质合金车刀	1000	100
		3	粗车长度 38 外轮廓面		T0111	硬质合金车刀	600	180
		4	精车长度 38 外轮廓面		T0111	硬质合金车刀	1000	100
		5	车直槽		T0202	3 mm 外槽刀	400	50

(7) 计算数值　精加工零件轮廓尺寸有偏差存在时，编程应取极限尺寸的中值。$\phi 18_{-0.027}^{0}$ 外圆的编程尺寸 = 18+[0+(-0.027)]/2 = 17.987。

2. 编制加工程序

掉头加工的零件，加工程序可以两头分别编制保存。若是编制于同一个程序，则可在第一部分加工结束段之后加入 M00 暂停指令，使程序暂停，方便掉头装夹和对刀操作。应注意，在移动刀具对刀之前需保存程序断点，对刀完成后回到断点再继续执行程序。

加工参考程序见表 4.4.6 和表 4.4.7。

表 4.4.6　例 27 φ20×15 外圆加工参考程序

程序段号	程序内容	程序说明
	程序号:O0271	
N10	%0271	
N20	M03 S500	
N30	T0101	调用1号刀及1号刀补
N40	M08	
N50	G00 X30 Z2	
N60	G71 U2 R1 P150 Q210 X0.5 F200	长度没有精度要求的情况下,Z 轴方向可以不留精加工余量
N70	G00 X100 Z100	
N80	M05	
N90	M09	
N100	M00	粗车结束,程序暂停,测量尺寸
N110	T0101	重新调用1号刀及1号刀补(加磨损)
N120	M03 S1000	
N130	M08	
N140	G00 X30 Z2	
N150	X0	精加工程序首段
N160	G01 Z0 F100	
N170	X20 C1	
N180	W-15	
N190	X26	
N200	W-8	
N210	X32	精加工程序末段,刀具离开工件
N220	G00 X100 Z100	
N230	M05	
N240	M09	
N250	M30	

表 4.4.7 例 27 长度 38 外轮廓面加工参考程序

程序号：O0272

程序段号	程序内容	程序说明
N10	%0272	
N20	M03 S500	
N30	T0111	调用1号刀及11号刀补
N40	M08	
N50	G00 X30 Z4	注意：Z值应大于对刀时的"试切长度"值
N60	G71 U2 R1 P150 Q200 X0.5 F200	
N70	G00 X100 Z100	
N80	M05	
N90	M09	
N100	M00	粗车结束,程序暂停,测量尺寸
N110	T0111	重新调用1号刀及11号刀补（加磨损）
N120	M03 S1000	
N130	M08	
N140	G00 X30 Z4	
N150	G42 X-1	精加工程序首段
N160	G01 Z0 F100	
N170	X0	
N180	G03 X18 Z-9 R9	
N190	G01 Z-32	
N200	X27 Z-40	切削至圆锥面延长线
N210	X30	精加工程序末段
N220	M05	

续 表

程序段号	程序内容	程序说明
N230	M09	
N240	G40 G00 X100 Z100	
N250	T0202	调用 3 mm 槽刀 2 号刀及 2 号刀补
N260	M03 S400	
N270	M08	
N280	G00 X20 Z-15	准备车削第一个直槽
N290	G01 X14 F50	切削深度 2 mm
N300	M04 X2	停留 2 min,修光
N310	G01 X20	
N320	G00 Z-21	准备车削第二个直槽
N330	G01 X14	切削深度 2 mm
N340	M04 X2	停留 2 min,修光
N350	G01 X20	
N360	G00 Z-27	准备车削第三个直槽
N370	G01 X14	切削深度 2 mm
N380	M04 X2	停留 2 min,修光
N390	G01 X20	
N400	G00 X100 Z100	
N410	M05	
N420	M09	
N430	M30	

3. 加工实训

按 3.4 数控车削零件自动加工一般操作流程步骤操作加工零件。

第 5 章

复杂零件编程与加工训练

5.1 内孔车削编程与加工训练

5.1.1 简单内孔加工

例 28 简单内孔加工实训

编程加工如图 5.1.1 所示零件内孔,材料为铝,毛坯尺寸 $\phi 40 \times 40$,未注倒角均为 $2 \times 45°$。

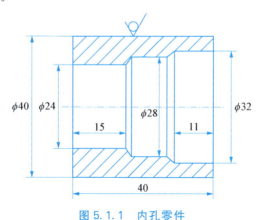

图 5.1.1 内孔零件

1. 制定零件加工工艺规程

本例重点讲解内孔加工,外圆及端面加工不再赘述。

(1) 分析零件　该零件为套类零件,内圆面为简单阶梯,材料为铝,车削之前必须先钻孔去除大部分余量。车削分粗车和精车两个工步。粗车留下直径 0.5 mm 精车加工余量;精车时要求沿内圆轮廓连续走刀,一次加工完成。

(2) 确定加工工艺路线

① 钻中心孔。

② 钻 $\phi 22$ mm 通孔。

③ 粗车内圆面,直径留 0.5 mm 精车余量。

④ 精车内圆面至尺寸要求。

(3) 确定工件装夹方案　三爪自定心卡盘夹持 $\phi 40$ mm 外圆面。

(4) 选择刀具　选择 $\phi 10$ mm 中心钻钻中心孔。选择 $\phi 22$ mm 钻头安装于后座,手动钻通孔 40 mm;选择一把硬质合金内孔车刀完成内圆面轮廓粗加工和精加工,安装于 T01 刀位,刀尖方位号 2 号。注意内孔车刀刀柄应小于孔径,且注意安装方位,应使刀柄平行于工件轴线。

(5) 确定切削用量　切削用量如表 5.1.1 所示。

表 5.1.1　例 28 切削用量

序号	加工面	刀具编号	刀具类型	主轴转速 $n/(\mathrm{r}/\mathrm{min})$	进给量 $f/(\mathrm{mm}/\mathrm{min})$
1	钻中心孔		$\phi 10$ mm 中心钻	1000	手动操作
2	钻孔		$\phi 22$ mm 钻头	300	手动操作
3	粗车内圆面	T01	内孔车刀	500	120
4	精车内圆面	T01	内孔车刀	800	80

(6) 制定加工工序卡　加工工序卡见表 5.1.2。

表 5.1.2　例 28 加工工序卡

零件名称	简单内孔零件	数量	1	设备及系统	毛坯规格
零件材料	铝	尺寸单位	mm	华中世纪星	$\phi 40$ 棒料

续 表

工序	名称	工艺要求				
1	锯切下料	$\phi 40 \times 42$				
2	数控车削	工步	工步内容	刀具编号	刀具类型	主轴转速 $n/(\mathrm{r/min})$	进给量 $f/(\mathrm{mm/min})$

工序	名称	工步	工步内容	刀具编号	刀具类型	主轴转速 $n/(\mathrm{r/min})$	进给量 $f/(\mathrm{mm/min})$
2	数控车削	1	钻中心孔		$\phi 10$ mm 中心钻	1000	手动操作
		2	钻孔		$\phi 22$ mm 钻头	300	手动操作
		3	粗车内圆面	T01	内孔车刀	500	120
		4	精车外圆面	T01	内孔车刀	800	80

2. 编制加工程序

(1) 内圆面车削加工参考程序　程序见表 5.1.3。

表 5.1.3　例 28 参考程序

程序号:O0028

程序段号	程序内容	程序说明
N10	%0028	
N20	M03 S500	
N30	T0101	调用 1 号刀及 1 号刀补
N40	M08	
N50	G00 X20 Z2	快速定位至循环起点
N60	G71 U1.5 R1 P160 Q220 X-0.5 F120	用复合循环指令 G71 沿精加工路线(N160 段至 N220 段)粗车去除大余量
N70	G00 X100	
N80	Z100	两个轴分别回到换刀点
N90	M05	
N100	M09	
N110	M00	粗车结束,程序暂停,测量尺寸

续　表

程序段号	程序内容	程序说明
N120	T0101	重新调用1号刀及1号刀补（加磨损）
N130	M03 S800	
N140	M08	
N150	G00 X20 Z2	
N160	G01 X32 F80	精加工程序首段
N170	W-11	
N180	X28 W-2	内孔倒角不能用直线后倒角指令
N190	W-10	
N200	X24 W-2	
N210	W-16	
N220	X20	精加工程序末段，刀具离开工件
N230	Z2	退刀
N240	G00 X100	
N250	Z100	两个轴分别回到换刀点
N260	M05	
N270	M09	
N280	M30	

（2）程序补充说明

① 执行内孔车削程序前，应确保已完成钻孔工序，并确认孔径大小。

② 由于内孔加工时刀具沿 X 轴向正方向进刀，因此循环起点应设置在孔壁内侧，否则会发生撞刀。

③ 内孔车削精车余量应留孔内侧，因此 G71 指令中 X 地址符后的数值应为负值。

④ 内孔车刀尽量不要 X、Z 轴联动返回换刀点，应确保沿 X 轴退出工件后才有 Z 方向移动。

⑤ 建议初学者尽量选用 G01 指令操作孔内退刀，以免发生撞刀危险。

3. 加工实训

按第 3 章 3.4 数控车削零件自动加工一般操作流程步骤操作加工零件。

5.1.2 复杂内孔零件加工

例 29 复杂内孔零件加工实训

编程加工如图 5.1.2 所示零件内孔,材料为铝,毛坯尺寸 $\phi 50\times 80$。

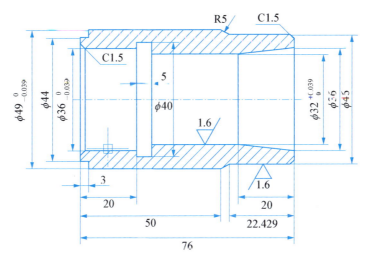

图 5.1.2 复杂内孔零件

1. 制定零件加工工艺规程

(1) 分析零件 该零件为套类零件,内圆面为圆柱面、圆锥面和直槽的复合轮廓,材料为铝。车削之前必须先钻孔去除大部分余量。该内孔需分两头加工,先加工尺寸精度等级为 IT8 级,表面粗糙度要求为 $Ra1.6$,车削分粗车和精车两个工步。5 mm 内槽需选用内槽刀分两次加工。

(2) 确定加工工艺路线

① 粗车 $\phi 49$ mm 外圆面。

② 精车 $\phi 49$ mm 外圆面至尺寸要求。

③ 掉头粗车 $\phi 46$ mm 外圆面。

④ 精车 $\phi 46$ mm 外圆面至尺寸要求。

⑤ 钻中心孔。

⑥ 钻 $\phi 30$ mm 通孔。

⑦ 粗车 $\phi 32$ mm 内圆面。

⑧ 精车 $\phi 32$ mm 内圆面。

⑨ 掉头粗车 $\phi 36$ mm 内圆面。

⑩ 精车 $\phi 36$ mm 内圆面。

⑪ 车 5 mm 内槽。

(3) 确定工件装夹方案　该零件需多次掉头加工。第一次装夹,三爪自定心卡盘夹持 $\phi 50$ mm 棒料,伸出长度不小于 58 mm,加工 $\phi 49$ mm 外圆面;第二次掉头装夹,三爪自定心卡盘夹持 $\phi 49$ mm 外圆面,伸出长度不小于 35 mm,加工 $\phi 46$ mm 外圆面,以及钻通孔和加工 $\phi 32$ mm 内圆面,注意要用铜皮包裹保护已加工面,为保证同轴度,需用百分表找正;第三次掉头装夹,三爪自定心卡盘夹持 $\phi 49$ mm 外圆面,加工 $\phi 36$ mm 内圆面和宽 5 mm 内槽,注意要用铜皮包裹保护已加工面,为保证同轴度,需用百分表找正。

(4) 选择刀具　选择一把 90°硬质合金车刀加工外轮廓,安装于 T01 刀位,刀补号 01。工件掉头装夹以后,外圆车刀需重新对刀输入偏置值,刀补号 11。注意掉头以后对刀时 Z 轴试切长度的计算。选择一把硬质合金内孔刀加工内轮廓,安装于 T03 刀位,注意刀尖方位号为 2。选择一把 3 mm 宽硬质合金内槽刀加工内槽,安装于 T04 刀位,注意刀尖方位号为 6。内孔刀和内槽刀安装时刀柄平行于工件轴线,要特别注意刀位的安排,不要相互干涉。

(5) 确定切削用量　切削用量见表 5.1.4。

表 5.1.4　例 29 切削用量

序号	加工面	刀具编号	刀具类型	主轴转速 $n/(\text{r/min})$	进给量 $f/(\text{mm/min})$
1	粗车 $\phi 49$ mm 外圆面	T01	硬质合金外圆车刀	600	180
2	精车 $\phi 49$ mm 外圆面	T01	硬质合金外圆车刀	1000	100
3	粗车 $\phi 46$ mm 外圆面	T01	硬质合金外圆车刀	600	180
4	精车 $\phi 46$ mm 外圆面	T01	硬质合金外圆车刀	1000	100

续 表

序号	加工面	刀具编号	刀具类型	主轴转速 $n/(r/min)$	进给量 $f/(mm/min)$
5	钻中心孔		$\phi 10$ mm 中心钻	1000	手动操作
6	钻 $\phi 30$ mm 通孔		$\phi 30$ mm 钻头	300	手动操作
7	粗车 $\phi 32$ mm 内圆面	T03	内孔刀	500	120
8	精车 $\phi 32$ mm 内圆面	T03	内孔刀	800	80
9	粗车 $\phi 36$ mm 内圆面	T03	内孔刀	500	120
10	精车 $\phi 36$ mm 内圆面	T03	内孔刀	800	80
11	车 5 mm 内槽	T04	3 mm 宽内槽刀	400	50

(6) 制定加工工序卡 加工工序卡见表 5.1.5。

表 5.1.5 例 29 加工工序卡

零件名称	复杂内孔零件	数量	1	设备及系统		毛坯规格		
零件材料	铝	尺寸单位	mm	华中世纪星		$\phi 30$ 棒料		
工序	名称	工艺要求						
1	锯切下料	$\phi 30 \times 65$						
2	数控车削	工步	工步内容	刀具及刀补编号	刀具类型	主轴转速 $n/(r/min)$	进给量 $f/(mm/min)$	
		1	粗车 $\phi 49$ mm 外圆面	T0101	硬质合金外圆车刀	600	180	
		2	精车 $\phi 49$ mm 外圆面	T0101	硬质合金外圆车刀	1000	100	
		3	粗车 $\phi 46$ mm 外圆面	T0111	硬质合金外圆车刀	600	180	
		4	精车 $\phi 46$ mm 外圆面	T0111	硬质合金外圆车刀	1000	100	
		5	钻中心孔		$\phi 10$ mm 中心钻	1000	手动操作	
		6	钻 $\phi 30$ mm 通孔		$\phi 30$ mm 钻头	300	手动操作	

续 表

	7	粗车 ϕ32 mm 内圆面	T0303	内孔刀	500	120
	8	精车 ϕ32 mm 内圆面	T0303	内孔刀	800	80
	9	粗车 ϕ36 mm 内圆面	T0313	内孔刀	500	120
	10	精车 ϕ36 mm 内圆面	T0313	内孔刀	800	80
	11	车 5 mm 内槽	T0404	3 mm 宽内槽刀	400	50

(7) 计算数值　精加工零件轮廓尺寸有偏差存在时,编程应取极限尺寸的中值。$\phi 49_{-0.039}^{0}$ 外圆的编程尺寸 $=49+[0+(-0.039)]/2=48.980$,$\phi 36_{-0.039}^{0}$ 内圆的编程尺寸 $=36+[0+(-0.039)]/2=35.980$,$\phi 32_{0}^{+0.039}$ 内圆的编程尺寸 $=32+[0.039+0]/2=32.020$。

2. 编制加工程序

加工参考程序见表 5.1.6～表 5.1.9。

表 5.1.6　例 29 ϕ49 mm 外圆面加工参考程序

程序号:O0291		
程序段号	程序内容	程序说明
N10	%0291	
N20	M03 S600	
N30	T0101	调用 1 号刀及 1 号刀补
N40	M08	
N50	G00 X50 Z2	
N60	G71 U2 R1 P150 Q210 X0.5 F180	长度没有精度要求的情况下,Z 轴方向可以不留精加工余量
N70	G00 X100 Z100	
N80	M05	
N90	M09	

续 表

程序段号	程序内容	程序说明
N100	M00	粗车结束,程序暂停,测量尺寸
N110	T0101	重新调用1号刀及1号刀补(加磨损)
N120	M03 S1000	
N130	M08	
N140	G00 X50 Z2	
N150	X0	精加工程序首段
N160	G01 Z0 F100	
N170	X44	
N180	W-3	
N190	X48.98	
N200	Z-51	比尺寸要求多车1 mm
N210	X50	精加工程序末段,刀具离开工件
N220	G00 X100 Z100	
N230	M05	
N240	M09	
N250	M30	

表 5.1.7 例 29 φ46 mm 外圆面加工参考程序

程序号:O0292

程序段号	程序内容	程序说明
N10	%0292	
N20	M03 S500	
N30	T0111	调用1号刀及11号刀补

续 表

程序段号	程序内容	程序说明
N40	M08	
N50	G00 X50 Z4	注意:Z 值应大于对刀时的"试切长度"值
N60	G71 U2 R1 P150 Q200 X0.5 F180	
N70	G00 X100 Z100	
N80	M05	
N90	M09	
N100	M00	粗车结束,程序暂停,测量尺寸
N110	T0111	重新调用 1 号刀及 11 号刀补(加磨损)
N120	M03 S1000	
N130	M08	
N140	G00 X50 Z4	
N150	X0	精加工程序首段
N160	G01 Z0 F100	
N170	X46 C1	
N180	Z-22.429	
N190	G02 X49 Z-26 R5	此处 X 值不能用中值,否则圆弧不成立,系统提示语法错误
N200	X50	精加工程序末段
N210	G00 X100 Z100	
N220	M05	
N230	M09	
N240	M30	

表 5.1.8　例 29 φ32 mm 内圆面加工参考程序

程序号:O0293

程序段号	程序内容	程序说明
N10	%0293	
N20	M03 S500	
N30	T0303	调用 3 号刀及 3 号刀补
N40	M08	
N50	G00 X28 Z2	
N60	G71 U2 R1 P160 Q190 X-0.5 F120	
N70	G00 X100	
N80	Z100	
N90	M05	
N100	M09	
N110	M00	粗车结束,程序暂停,测量尺寸
N120	T0303	重新调用 3 号刀及 3 号刀补(加磨损)
N130	M03 S800	
N140	M08	
N150	G00 X28 Z2	
N160	G01 X36.4 F80	精加工程序首段,定位到锥面延长线
N170	X32.02 Z-20	
N180	Z-52	内圆面车过头 1 mm
N190	X28	精加工程序末段
N200	Z2	退出内孔
N210	G00 X100	
N220	Z100	
N230	M05	
N240	M09	
N250	M30	

表 5.1.9 例 29 φ36 mm 内圆面及 5 mm 内槽加工参考程序

程序号：O0294

程序段号	程序内容	程序说明
N10	%0294	
N20	M03 S500	
N30	T0313	调用 3 号刀及 13 号刀补
N40	M08	
N50	G00 X28 Z2	
N60	G71 U2 R1 P160 Q190 X-0.5 F120	
N70	G00 X100	
N80	Z100	
N90	M05	
N100	M09	
N110	M00	粗车结束，程序暂停，测量尺寸
N120	T0313	重新调用 3 号刀及 13 号刀补（加磨损）
N130	M03 S800	
N140	M08	
N150	G00 X28 Z2	
N160	G01 X41 F80	精加工程序首段，定位到倒角延长线
N170	X35.98 Z-1.5	
N180	Z-24	内圆面车过头 4 mm
N190	X28	精加工程序末段
N200	Z2	孔内退刀
N210	G00 X100	
N220	Z100	
N230	T0404	调用 4 号刀内槽刀及 4 号刀补
N240	G00 X30 Z2	

续 表

程序段号	程序内容	程序说明
N250	G01 Z-23	准备切槽第一刀
N260	X40	车到尺寸
N270	M04 X2	停留 2 min 修光
N280	X30	退刀
N290	Z-25	准备切槽第二刀
N300	X40	车到尺寸
N310	M04 X2	停留 2 min 修光
N320	X30	退刀
N330	Z2	退出内孔
N340	G00 X100	
N350	Z100	
N360	M05	
N370	M09	
N380	M30	

3. 加工实训

按第 3 章 3.4 数控车削零件自动加工一般操作流程步骤操作加工零件。

5.2 螺纹车削编程与加工训练

5.2.1 外圆柱螺纹加工

例 30 外圆柱螺纹加工实训

编程加工如图 5.2.1 所示外圆柱螺纹零件,材料为铝,毛坯尺寸 $\phi 20 \times 30$,未

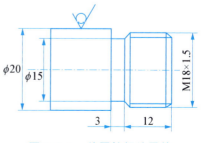

图 5.2.1 外圆柱螺纹零件

注倒角均为 1.5×45°。

1. **制定零件加工工艺规程**

(1) 分析零件　该零件为外圆柱螺纹轴零件,材料为铝,母体为圆柱形,其上有一个 M18 的外螺纹,用螺纹复合循环指令加工完成。螺纹头部一般需加工倒角,便于导入配合螺纹。因为结构上有 3 mm 退刀槽,所以指令中无需编写退尾地址符,且该退刀槽可由外圆车刀一并加工。车螺纹前需先加工好母体光轴。由于实际螺纹牙顶不是理想的尖顶,磨损大约 1/8 的牙高,因此外圆尺寸要略小于公称直径 D,一般为外径 d' 的值,即 $d'=D-(10\%\sim20\%)P$,P 为螺纹的螺距。

(2) 确定加工工艺路线

① 粗车外圆及退刀槽;

② 精车外圆至外径 d',一并车削退刀槽;

③ 车螺纹。

(3) 确定工件装夹方案　用三爪自定心卡盘夹持 ϕ20 mm 外圆,保证工件伸出卡盘长度不小于 20 mm。

(4) 选择刀具　选择 90°硬质合金车刀粗加工和精加工母体外圆柱面,安装于 T01 号刀位;选择 60°角外螺纹车刀车削 M18 螺纹,安装于 T02 号刀位,刀尖方位号为 8 号。

(5) 确定切削用量　切削用量见表 5.2.1。螺纹车削时主轴最大转速一般按公式 $n=\dfrac{1200}{L}-K$ 来计算,K 通常取 80,L 为螺纹导程。

表 5.2.1　例 30 切削用量

序号	加工面	刀具编号	刀具类型	主轴转速 $n/(\text{r/min})$	进给量 $f/(\text{mm/min})$
1	粗车外圆面	T01	硬质合金外圆车刀	600	180
2	精车外圆面	T01	硬质合金外圆车刀	1000	100
3	车螺纹	T02	60°螺纹刀	500	按导程及转速由系统自动计算

(6) 制定加工工序卡　加工工序卡见表 5.2.2。

表 5.2.2　例 30 加工工序卡

零件名称	外圆柱螺纹零件	数量	1	设备及系统		毛坯规格	
零件材料	铝	尺寸单位	mm	华中世纪星		$\phi 20$ 棒料	
工序	名称			工艺要求			
1	锯切下料			$\phi 20 \times 30$			
2	数控车削	工步	工步内容	刀具编号	刀具类型	主轴转速 $n/(\text{r/min})$	进给量 $f/(\text{mm/min})$
		1	粗车外圆面	T01	硬质合金外圆车刀	600	180
		2	精车外圆面	T01	硬质合金外圆车刀	1000	100
		3	车螺纹	T02	60°螺纹刀	500	按导程及转速由系统自动计算

(7) 计算数值

① 母体外圆尺寸一般为外径 d' 的值,即 $d'=D-(10\%\sim20\%)P$。在本例中,$d'=18-(10\%\sim20\%)\times1.5$,取 17.8 mm。

② 螺纹复合循环指令中地址符 X 表示有效螺纹终点的 X 坐标值,即为螺纹底径,$d_1=D-0.65\times2P=18-0.65\times2\times1.5=16.05(\text{mm})$。

③ 螺纹复合循环指令中地址符 K 表示牙高,$h=0.65P=0.65\times1.5=0.975(\text{mm})$。

④ 在螺纹加工轨迹中应设置足够的升速进刀段 δ 和降速退刀段 δ',以消除伺服滞后造成的螺距误差,一般 $\delta=(1\sim2)P$,$\delta'=1/2\delta$。在本例中,δ 取 3 mm,δ' 取 1.5 mm。

⑤ 由于设置升速进刀段 $\delta=3$ mm、降速退刀段 $\delta'=1.5$ mm,因此 G76 循环起点设为(X20,Z3),切削终点为(X16.05,Z-13.5)。

⑥ 螺纹车削时主轴最大转速 $n=\dfrac{1200}{L}-80=720(\text{r/min})$。

2. 编制加工程序

(1) 加工参考程序　程序见表5.2.3。

表 5.2.3　例 30 参考程序

程序段号	程序内容	程序说明
	程序号：O0030	
N10	%0030	
N20	M03 S600	
N30	T0101	调用1号刀及1号刀补
N40	M08	
N50	G00 X20 Z2	
N60	G71 U2 R1　P150 Q210 E0.5 F180	
N70	G00 X100 Z100	
N80	M05	
N90	M09	
N100	M00	
N110	T0101	重新调用1号刀及1号刀补（加磨损）
N120	M03 S1000	
N130	M08	
N140	G00 X20 Z2	
N150	G00 X0	精加工程序首段
N160	G01 Z0 F100	
N170	X17.8 C1.5	
N180	Z-10.5	
N190	X15 Z-12	
N200	W-3	

续 表

程序段号	程序内容	程序说明
N210	X20	精加工程序末段
N220	G00 X100 Z100	
N230	M05	
N240	M09	
N250	T0202	调用2号螺纹刀及2号刀补
N260	M03 S500	
N270	M08	
N280	G00 X20 Z3	
N290	G76 C2 A60 X16.05 Z-13.5 K0.975 U0.1　V0.1　Q0.7　F1.5	用螺纹复合循环指令车削螺纹
N300	G00 X100 Z100	
N310	M05	
N320	M09	
N330	M30	

（2）程序补充说明　G76指令各地址符含义详见第1章1.2.3。G76指令执行完停车后,不要直接拆卸工件,在不移动工件的情况下,用M18×1.5的环规（包括通规和止规）测量螺纹。若是通规拧不进或比较紧,可以在刀偏表中螺纹刀所对应的刀补号（本例为02）下的"X磨损"栏中,视松紧程度加入一定量磨损值,如-0.2,然后用"指定行运行"方式,从调用螺纹刀程序段（本例中为N250段）开始重新运行一遍螺纹复合循环指令。反复操作直到环规测量合格,注意不能移动工件。

3. 加工实训

按第3章3.4数控车削零件自动加工一般操作流程步骤操作加工零件。

5.2.2 外圆锥螺纹加工

例 31 外圆锥螺纹加工实训

编程加工如图 5.2.2 所示外圆锥螺纹零件,材料为铝,毛坯尺寸 $\phi40\times56$。

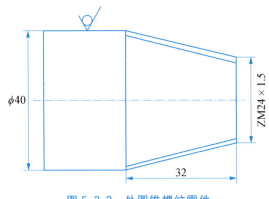

图 5.2.2 外圆锥螺纹零件

1. 制定零件加工工艺规程

(1) 分析零件　该零件为外圆锥螺纹轴零件,材料为铝,母体为圆锥形,其上有 ZM24 的外螺纹,用螺纹复合循环指令加工完成。因为没有退刀槽,所以指令中需编写退尾地址符。车螺纹前须先加工好母体光轴,尺寸同样要略小于公称直径 D。

(2) 确定加工工艺路线

① 粗车外圆锥面。

② 精车外圆锥面。

③ 车螺纹。

(3) 确定工件装夹方案　用三爪自定心卡盘夹持 $\phi40$ mm 外圆,保证工件伸出卡盘长度不小于 40 mm。

(4) 选择刀具　选择 90°硬质合金车刀粗加工和精加工母体外圆锥面,安装于 T01 号刀位;选择 60°角外螺纹车刀车削锥螺纹,安装于 T02 号刀位,刀尖方位号为 8 号。

(5) 确定切削用量　切削用量见表 5.2.4。

表 5.2.4　例 31 切削用量

序号	加工面	刀具编号	刀具类型	主轴转速 n/(r/min)	进给量 f/(mm/min)
1	粗车外圆锥面	T01	硬质合金外圆车刀	600	180
2	精车外圆锥面	T01	硬质合金外圆车刀	1000	100
3	车螺纹	T02	60°螺纹刀	500	按导程及转速由系统自动计算

（6）制定加工工序卡　加工工序卡见表 5.2.5。

表 5.2.5　例 31 加工工序卡

零件名称	外圆锥螺纹零件	数量	1	设备及系统		毛坯规格	
零件材料	铝	尺寸单位	mm	华中世纪星		$\phi40$ 棒料	
工序	名称			工艺要求			
1	锯切下料			$\phi40\times56$			
2	数控车削	工步	工步内容	刀具编号	刀具类型	主轴转速 n/(r/min)	进给量 f/(mm/min)
		1	粗车外圆锥面	T01	硬质合金外圆车刀	600	180
		2	精车外圆锥面	T01	硬质合金外圆车刀	1000	100
		3	车螺纹	T02	60°螺纹车刀	500	按导程及转速由系统自动计算

（7）计算数值

① 螺纹复合循环指令 R、E 是螺纹切削的退尾量，R 为 Z 向退尾量，E 为 X 向退尾量，根据螺纹标准，R 一般取 0.75～1.75 倍的螺距，E 取螺纹的牙型高，本例中 R 取 2 mm，E＝0.975 mm。

② 螺纹复合循环指令中地址符 X、Z 表示有效螺纹终点的 X 轴、Z 轴坐标值。在本例中，由于 Z 向退尾量取 2 mm，且考虑螺纹牙顶的磨损量，因此螺纹切削终点坐标值应为(X37.05，Z-30)。

③ 在螺纹加工轨迹中应设置足够的升速进刀段 δ,以消除伺服滞后造成的螺距误差,一般 $\delta=(1\sim2)P$,在本例中,δ 取 2 mm。

④ 由于设置升速进刀段 $\delta=2$ mm,因此实际切削起点坐标值为(X23,Z2),则螺纹复合循环指令中 I 地址符是螺纹实际切削起点与螺纹终点的半径差,在本例中,I=11.5-19.5=-8。

2. 编制加工程序

(1) 加工参考程序　参考程序见表 5.2.6。

表 5.2.6　例 31 加工参考程序

程序号:O0031

程序段号	程序内容	程序说明
N10	‰0031	
N20	M03 S500	
N30	T0101	调用 1 号刀及 1 号刀补
N40	M08	
N50	G00 X40 Z2	
N60	G71 U2 R1　P140 Q190 X0.5 F200	
N70	G00 X100 Z100	
N80	M05	
N90	M09	
N100	M00	
N110	T0101	重新调用 1 号刀及 1 号刀补(加磨损)
N120	M03 S1000	
N130	M08	
N140	G00 X40 Z2	
N150	G00 X0	精加工程序首段
N160	G01 Z0 F100	
N170	X24	

续 表

程序段号	程序内容	程序说明
N180	X40 Z-32	
N190	X41	精加工程序末段
N200	G00 X100 Z100	
N210	M05	
N220	M09	
N230	T0202	调用2号螺纹刀及2号刀补
N240	M03 S500	
N250	M08	
N260	G00 X20 Z3	
N270	G76 C2 R2 E0.975 A60 X37.05 Z-32 I-8 K0.975 U0.1 V0.1 Q0.7 F1.5	用螺纹复合循环指令车削螺纹
N280	G00 X100 Z100	
N290	M05	
N300	M09	
N310	M30	

（2）程序补充说明　G76指令各地址符含义详见第1章1.2.3。

3. 加工实训

按第3章3.4数控车削零件自动加工一般操作流程步骤操作加工零件。

5.2.3　内螺纹加工

例32　内螺纹加工实训

编程加工如图5.2.3所示内螺纹零件,材料为铝,毛坯尺寸 $\phi50\times25$,未注倒角为 $1.5\times45°$。

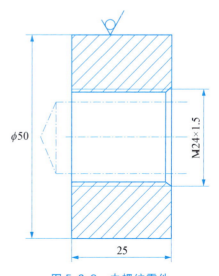

图5.2.3　内螺纹零件

1. 制定零件加工工艺规程

本例重点讲解内螺纹加工,外圆面及端面加工不再赘述。

(1) 分析零件　该零件为内螺纹孔零件,先用 ϕ18 mm 钻头钻通孔,再选择内孔车刀加工母体内圆柱面,尺寸要略大于公称直径 D,最后 M24 内螺纹用螺纹复合循环指令加工完成。由于是通孔,螺纹可切削至孔底,无需退尾。

(2) 确定加工工艺路线

① 钻中心孔。

② 钻 ϕ18 mm 孔。

③ 粗车内圆柱面。

④ 精车内圆柱面。

⑤ 车螺纹。

(3) 确定工件装夹方案　用三爪自定心卡盘夹持 ϕ50 mm 外圆。

(4) 选择刀具　选择 ϕ10 mm 中心钻钻中心孔。选择 ϕ15 mm 钻头钻通孔。选择硬质合金内孔车刀粗加工和精加工母体内圆柱面。注意刀柄直径应小于孔径,安装于 T01 号刀位。选择 60°角内螺纹车刀车削 M24 内螺纹,安装于 T03 号刀位,刀尖方位号 6 号。内孔刀和内螺纹刀的刀柄都应平行于主轴,因此安装时要注意刀位安排,避免干涉和撞刀。

(5) 确定切削用量　切削用量见表 5.2.7。

表 5.2.7　例 32 切削用量

序号	加工面	刀具编号	刀具类型	主轴转速 $n/(\text{r/min})$	进给量 $f/(\text{mm/min})$
1	钻中心孔		ϕ10 mm 中心钻	1000	手动操作
2	钻 ϕ18 mm 孔		ϕ18 mm 钻头	300	手动操作
3	粗车内圆柱面	T01	内孔车刀	500	120
4	精车内圆柱面	T01	内孔车刀	800	80
5	车螺纹	T03	60°内螺纹车刀	500	按导程及转速由系统自动计算

(6) 制定加工工序卡　加工工序卡见表 5.2.8。

表 5.2.8　例 32 工序卡

零件名称	内螺纹零件	数量	1	设备及系统	毛坯规格
零件材料	铝	尺寸单位	mm	华中世纪星	$\phi 50$ 棒料
工序	名称	工艺要求			
1	锯切下料	$\phi 50 \times 25$			
2	数控车削	工步	工步内容	刀具编号	刀具类型	主轴转速 $n/(\mathrm{r/min})$	进给量 $f/(\mathrm{mm/min})$
		1	钻中心孔		$\phi 10$ mm 中心钻	1000	手动操作
		2	钻 $\phi 18$ mm 孔		$\phi 18$ mm 钻头	300	手动操作
		3	粗车内圆柱面	T01	硬质合金内孔车刀	500	120
		4	精车内圆柱面	T01	硬质合金内孔车刀	800	80
		5	车螺纹	T03	60°内螺纹车刀	500	按导程及转速由系统自动计算

(7) 计算数值

① 母体内孔直径为内螺纹小径，即 $d_1 = D - 0.65 \times 2P = 24 - 0.65 \times 2 \times 1.5 = 22.05(\mathrm{mm})$。

② 螺纹复合循环指令中地址符 X 表示有效螺纹终点的 X 坐标值，即为内螺纹大径。考虑牙顶的磨损量，按 $24 - (10\% \sim 20\%) \times 1.5$ 计算，取 23.8 mm。

③ 螺纹复合循环指令中地址符 K 表示牙高，$h = 0.65P = 0.65 \times 1.5 = 0.975(\mathrm{mm})$。

④ 在螺纹加工轨迹中应设置足够的升速进刀段 δ 和降速退刀段 δ'，以消除伺服滞后造成的螺距误差。在本例中，δ 取 2 mm，δ' 取 1 mm。

⑤ 由于设置升速进刀段 $\delta = 2$ mm、降速退刀段 $\delta' = 1$ mm，因此 G76 循环起点设为(X20,Z2)，切削终点为(X23.8,Z-26)。

2. 编制加工程序

(1) 加工参考程序　程序见表5.2.9。

表5.2.9　例32 加工参考程序

程序段号	程序内容	程序说明
	程序号：O0032	
N10	%0032	
N20	M03 S500	
N30	T0101	调用1号刀及1号刀补
N40	M08	
N50	G00 X14 Z2	
N60	G71 U2 R1 P150 Q180 X-0.5 F120	
N70	G00 X100	
	Z100	
N80	M05	
N90	M09	
N100	M00	
N110	T0101	重新调用1号刀及1号刀补（加磨损）
N120	M03 S80	
N130	M08	
N140	G00 X16 Z2	
N150	G01 X29 F80	精加工程序首段,工进定位到倒角延长线
N160	X22.05 Z-1.5	
N170	Z-26	
N180	X16	精加工程序末段
N190	Z2	刀具退出内孔

续　表

程序段号	程序内容	程序说明
N200	G00 X100	
N210	Z100	
N220	M05	
N230	M09	
N240	T0303	调用3号螺纹刀及3号刀补
N250	M03 S500	
N260	M08	
N270	G00 X20 Z3	
N280	G76 C2 A60 X23.8 Z-26 K0.975 U0.1 V0.1 Q0.7 F1.5	用螺纹复合循环指令车削螺纹
N290	G00 X100	
N300	Z100	
N310	M05	
N320	M09	
N330	M30	

（2）程序补充说明　G76指令各地址符含义详见第1章1.2.3。

3. 加工实训

按第3章3.4数控车削零件自动加工一般操作流程步骤操作加工零件。

5.3　复合性复杂零件编程与加工训练

5.3.1　圆锥圆弧外螺纹复合轴零件加工

例33　圆锥圆弧外螺纹复合轴零件加工实训

编程加工如图5.3.1所示圆锥圆弧外螺纹复合轴零件，已知材料为铝，

毛坯尺寸 $\phi 32 \times 60$，未注倒角均为 $1 \times 45°$。

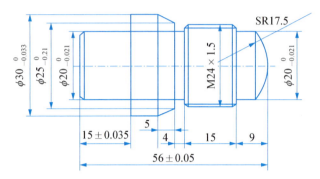

图 5.3.1　圆锥圆弧外螺纹复合零件

1. 制定零件加工工艺规程

（1）分析零件　该零件为圆锥圆弧外螺纹复合零件，材料为铝，其结构由圆柱面、圆锥面、圆弧面和外螺纹组合而成，尺寸精度为 IT7 级和 IT8 级。该零件需掉头装夹加工，先加工 $\phi 20$ mm 外圆面，再掉头夹持该外圆面，加工其余轮廓。轮廓加工分粗车和精车两个工步，粗车去除大部分加工余量，留下直径 0.5 mm 精车加工余量。4 mm 退刀槽可直接用 4 mm 槽刀一次切削到位。M24 外螺纹选择 G76 螺纹循环指令加工。

（2）确定加工工艺路线

① 粗车 $\phi 20$ mm 和 $\phi 30$ mm 外圆面，留 0.5 mm 精车余量。

② 精车 $\phi 20$ mm 和 $\phi 30$ mm 外圆面至尺寸要求。

③ 掉头粗车其余外轮廓，留 0.5 mm 精车余量。

④ 精车其余外轮廓至尺寸要求。

⑤ 车 4 mm 退刀槽。

⑥ 车 M24 外螺纹。

（3）确定工件装夹方案　第一次装夹，用三爪自定心卡盘夹持 $\phi 32$ mm 棒料，保证工件伸出卡盘长度不小于 30 mm；第二次掉头装夹，用三爪自定心卡盘夹持 $\phi 20$ mm 外圆面，卡盘顶住轴肩轴向定位，注意保护已加工面。

（4）选择刀具　该零件外轮廓面选用 90°硬质合金外圆车刀粗加工和精加工，安装于 T01 号刀位。注意掉头加工的对刀方式，第一次安装加工刀补号为 01 号,第二次安装加工刀补号为 11 号。选用一把 4 mm 外槽刀切削退刀槽,安装于 T02 号刀位。选择 60°角外螺纹刀加工 M24 外螺纹,安装于 T03 号刀位。

(5) 确定切削用量 切削用量见表 5.3.1。

表 5.3.1 例 33 切削用量

序号	加工面	刀具及刀补编号	刀具类型	主轴转速 $n/(\text{r/min})$	进给量 $f/(\text{mm/min})$
1	粗车 $\phi 20$ mm 和 $\phi 30$ mm 外圆面	T0101	硬质合金外圆车刀	500	200
2	精车 $\phi 20$ mm 和 $\phi 30$ mm 外圆面	T0101	硬质合金外圆车刀	1000	100
3	粗车其余外轮廓面	T0111	硬质合金外圆车刀	500	200
4	精车其余外轮廓面	T0111	硬质合金外圆车刀	1000	100
5	车 4 mm 退刀槽	T0202	4 mm 硬质合金外槽刀	400	50
6	车 M24 外螺纹	T0303	60°外螺纹刀	720	按导程及转速由系统自动计算

(6) 制定加工工序卡 加工工序卡见表 5.3.2。

表 5.3.2 例 33 工序卡

零件名称	圆锥圆弧外螺纹复合零件	数量	1	设备及系统	毛坯规格
零件材料	铝	尺寸单位	mm	华中世纪星	$\phi 32$ 棒料
工序	名称		工艺要求		
1	锯切下料		$\phi 32 \times 60$		

续 表

		工步	工步内容	刀具及刀补编号	刀具类型	主轴转速 $n/(\text{r/min})$	进给量 $f/(\text{mm/min})$
2	数控车削	1	粗车 $\phi 20$ mm 和 $\phi 30$ mm 外圆面	T0101	硬质合金外圆车刀	600	180
		2	精车 $\phi 20$ mm 和 $\phi 30$ mm 外圆面	T0101	硬质合金外圆车刀	1000	100
		3	粗车其余外轮廓面	T0111	硬质合金外圆车刀	600	180
		4	精车其余外轮廓面	T0111	硬质合金外圆车刀	1000	100
		5	车 4 mm 退刀槽	T0202	4 mm 硬质合金外槽刀	400	50
		6	车 M24 外螺纹	T0303	60° 外螺纹刀	500	按导程及转速由系统自动计算

(7) 计算数值

① 精加工零件轮廓尺寸有偏差存在时,编程应取极限尺寸的中值。$\phi 30_{-0.033}^{0}$ 外圆的编程尺寸 $=30+[0+(-0.033)]/2=29.984$,$\phi 25_{-0.021}^{0}$ 外圆的编程尺寸 $=25+[0+(-0.021)]/2=24.990$,$\phi 20_{-0.021}^{0}$ 外圆的编程尺寸 $=20+[0+(-0.021)]/2=19.990$,$15\pm 0.035$ 的编程尺寸 $=15+[0.035+(-0.035)]/2=15$,$56\pm 0.035$ 的编程尺寸 $=56+[0.035+(-0.035)]/2=56$。

② 根据相似三角形定理可计算圆弧切削终点坐标值为(X20,Z-3.14)。

③ 螺纹母体外圆尺寸一般为外径 d' 的值,在本例中,$d'=18-(10\% \sim 20\%)\times 1.5$,取 17.8 mm。

④ 螺纹复合循环指令中地址符 X 表示有效螺纹终点的 X 坐标值,即为外螺纹小径,$d_1=D-0.65\times 2P=24-0.65\times 2\times 1.5=22.05(\text{mm})$。

⑤ 在螺纹加工轨迹中应设置足够的升速进刀段 δ 和降速退刀段 δ',以消除伺服滞后造成的螺距误差,δ 取 2 mm,δ' 取 1 mm。

⑥ 由于设置升速进刀段 δ=2 mm、降速退刀段 δ′=1 mm，因此 G76 循环起点设为(X25，Z-7)，切削终点为(X22.05，Z-25)。

2. 编制加工程序

加工参考程序见表 5.3.3 和表 5.3.4。

表 5.3.3 例 33 φ20 mm 和 φ30 mm 外圆面加工参考程序

程序号：O0331

程序段号	程序内容	程序说明
N10	%0331	
N20	M03 S600	
N30	T0101	调用 1 号刀及 1 号刀补
N40	M08	
N50	G00 X32 Z2	
N60	G71 U2 R1 P150 Q210 X0.5 F180	
N70	G00 X100 Z100	
N80	M05	
N90	M09	
N100	M00	
N110	T0101	重新调用 1 号刀及 1 号刀补（加磨损）
N120	M03 S1000	
N130	M08	
N140	G00 X32 Z2	
N150	G01 X0 F100	精加工程序首段
N160	Z0	
N170	X19.99 C1	
N180	Z-15	
N190	X29.984	

续 表

程序段号	程序内容	程序说明
N200	W-9	
N210	X32	精加工程序末段,刀具离开工件
N220	G00 X100 Z100	
N230	M05	
N240	M09	
N250	M30	

表 5.3.4 例 33 其余轮廓及外螺纹加工参考程序

程序号:O0332

程序段号	程序内容	程序说明
N10	%0332	
N20	M03 S600	
N30	T0111	调用1号刀及11号刀补
N40	M08	
N50	G00 X32 Z2	
N60	G71 U2 R1 P150 Q260 X0.5 F180	
N70	G00 X100 Z100	
N80	M05	
N90	M09	
N100	M00	
N110	T0111	重新调用1号刀及11号刀补(加磨损)
N120	M03 S1000	
N130	M08	
N140	G00 X32 Z2	
N150	G42 G00 X-1	精加工程序首段

续 表

程序段号	程序内容	程序说明
N160	G01 Z0 F100	
N170	X0	
N180	G03 X20 Z-3.14 R17.5	
N190	G01 Z-9	
N200	X23.8 C1	
N210	W-14	
N220	X22 W-1	
N230	W-4	
N240	X24.99	
N250	X31 W-7	加工至锥面延长线
N260	X32	精加工程序末段
N270	G40 G00 X100 Z100	
N280	M05	
N290	M09	
N300	T0202	调用 2 号槽刀及 2 号刀补
N310	M03 S400	
N320	M08	
N330	G00 X26 Z-28	
N340	G01 X20 F50	
N350	X26	
N360	G00 X100 Z100	
N370	M05	
N380	M09	
N390	T0303	调用 3 号槽刀及 3 号刀补
N400	M03 S720	

续表

程序段号	程序内容	程序说明
N410	M08	
N420	G00 X25 Z-7	快速定位螺纹复合循环起点
N430	G76 C2 A60 X22.05 Z-25 K0.975 U0.1 V0.1 Q0.7 F1.5	用螺纹复合循环指令车削螺纹
N440	G00 X100 Z100	
N450	M05	
N460	M09	
N470	M30	

3. 加工实训

按第 3 章 3.4 数控车削零件自动加工一般操作流程步骤操作加工零件。

5.3.2 圆弧圆锥内螺纹复合轴套零件加工

例 34 圆弧圆锥内螺纹复合轴套零件加工实训

编程加工如图 5.3.2 所示非圆曲线外螺纹复合轴套零件,已知材料为铝,毛坯尺寸 $\phi45 \times 60$。

1. 制定零件加工工艺规程

(1) 分析零件 该零件为圆弧圆锥内螺纹复合零件,材料为铝,其外轮廓为圆弧面,内轮廓为圆锥面和内螺纹组合而成,尺寸精度为 IT8 级。由于外轮廓为圆弧面,该零件不能采用掉头装夹加工方式,因此棒料要取得稍长,加工完内轮廓后用切断刀切断。先加工外圆弧面,分粗车和精车两个工步,粗车去除大

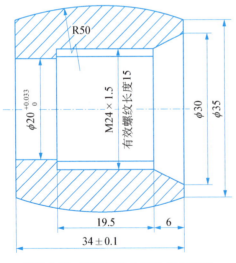

图 5.3.2 圆弧圆锥内螺纹复合零件

部分加工余量,留下直径 0.5 mm 精车加工余量;再钻孔后加工内轮廓和 M24 内螺纹,内螺纹选择 G76 螺纹循环指令加工,且需要退尾;最后切断。

(2) 确定加工工艺路线

① 粗车外圆弧面,留 0.5 mm 精车余量。

② 精车外圆弧面至尺寸要求。

③ 钻中心孔。

④ 钻 φ18 mm 孔至深度大于 40 mm。

⑤ 粗车内轮廓,留 0.5 mm 精车余量。

⑥ 精车内轮廓至尺寸要求。

⑦ 车 M24 内螺纹。

⑧ 切断。

(3) 确定工件装夹方案 用三爪自定心卡盘夹持 φ45 mm 棒料,保证工件伸出卡盘长度不小于 45 mm。

(4) 选择刀具 该零件外轮廓面选用 90°硬质合金外圆车刀粗加工和精加工,安装于 T01 号刀位;选用 φ10 mm 中心钻钻中心孔;选用 φ18 mm 钻头钻孔;选用硬质合金内孔刀粗车和精车内轮廓,安装于 T02 号刀位;选择 60°角内螺纹刀加工 M24 内螺纹,安装于 T03 号刀位,选择 4 mm 宽切断刀切断,安装于 T04 号刀位。

(5) 确定切削用量 切削用量见表 5.3.5。

表 5.3.5 例 34 切削用量

序号	加工面	刀具及刀补编号	刀具类型	主轴转速 $n/(\text{r/min})$	进给量 $f/(\text{mm/min})$
1	粗车外圆弧面	T0101	硬质合金外圆车刀	600	180
2	精车外圆弧面	T0101	硬质合金外圆车刀	1000	100
3	钻中心孔		φ10 mm 中心钻	1000	手动操作
4	钻 φ18 mm 孔至深度大于 40 mm		φ18 mm 钻头	300	手动操作

续 表

序号	加工面	刀具及刀补编号	刀具类型	主轴转速 $n/(\text{r/min})$	进给量 $f/(\text{mm/min})$
5	粗车内轮廓	T0202	内孔车刀	500	120
6	精车内轮廓	T0202	内孔车刀	800	80
7	车 M24 内螺纹	T0303	60°外螺纹刀	500	按导程及转速由系统自动计算
8	切断	T0404	4 mm 硬质合金切断刀	300	50

(6)制定加工工序卡　加工工序卡见表 5.3.6。

表 5.3.6　例 34 工序卡

零件名称	圆弧圆锥内螺纹复合零件	数量	1	设备及系统		毛坯规格	
零件材料	铝	尺寸单位	mm	华中世纪星		$\phi 45$ 棒料	
工序	名称	工艺要求					
1	锯切下料	$\phi 45 \times 60$					
2	数控车削	工步	工步内容	刀具及刀补编号	刀具类型	主轴转速 $n/(\text{r/min})$	进给量 $f/(\text{mm/min})$
		1	粗车外圆弧面	T0101	硬质合金外圆车刀	600	180
		2	精车外圆弧面	T0101	硬质合金外圆车刀	1000	100
		3	钻中心孔		$\phi 10$ mm 中心钻	1000	手动操作
		4	钻 $\phi 18$ mm 孔至深度大于 40 mm		$\phi 18$ mm 钻头	300	手动操作

续 表

	5	粗车内轮廓	T0202	内孔车刀	500	120
	6	精车内轮廓	T0202	内孔车刀	800	80
	7	车 M24 内螺纹	T0303	60°外螺纹刀	500	按导程及转速由系统自动计算
	8	切断	T0404	4 mm 硬质合金切断刀	300	50

(7) 计算数值

① 精加工零件轮廓尺寸有偏差存在时,编程应取极限尺寸的中值。$\phi 20_{0}^{+0.033}$ 外圆的编程尺寸 = 20+(0.033+0)/2 = 20.017,34±0.1 的编程尺寸 = 34+[0.1+(-0.1)]/2 = 34。

② 母体内孔直径为内螺纹小径,即 $d_1 = D - 0.65 \times 2P = 24 - 0.65 \times 2 \times 1.5 = 22.05$(mm)。

③ 螺纹复合循环指令中地址符 X 表示有效螺纹终点的 X 坐标值,即内螺纹大径,考虑牙顶的磨损量,按 24-(10%~20%)×1.5 计算,取 23.8 mm。

④ 螺纹复合循环指令 R、E 是螺纹切削的退尾量,R 为 Z 向退尾量,E 为 X 向退尾量,根据螺纹标准,R 一般取 0.75~1.75 倍的螺距,E 取螺纹的牙型高,本例中 R 取 2 mm,E=0.975 mm。

⑤ 由于 Z 向退尾 R=2 mm,因此螺纹切削终点坐标值为(X23.8,Z-23.5)。

⑥ 本例设置升速进刀段 δ=2 mm,因此 G76 循环起点设为(X16,Z-4)。

2. 编制加工程序

(1) 加工参考程序 程序见表 5.3.7 和表 5.3.8。

表 5.3.7 例 34 外圆弧面加工参考程序

程序号:O0341		
程序段号	程序内容	程序说明
N10	%0341	
N20	M03 S600	

续 表

程序段号	程序内容	程序说明
N30	T0101	调用1号刀及1号刀补
N40	M08	
N50	G00 X45 Z2	
N60	G71 U2 R1 P150 Q200 E0.5 F180	
N70	G00 X100 Z100	
N80	M05	
N90	M09	
N100	M00	
N110	T0101	重新调用1号刀及1号刀补(加磨损)
N120	M03 S1000	
N130	M08	
N140	G00 X45 Z2	
N150	G42 G01 X0 F100	精加工程序首段
N160	Z0	
N170	X35	
N180	G03 Z-34 R50	
N190	G01 Z-36	走直线过渡
N200	X45	精加工程序末段,刀具离开工件
N210	G40 G00 X60	因为刀架上装刀较多,可退至安全位置再返回换刀点
N220	X100 Z100	
N230	M05	
N240	M09	
N250	M30	

表 5.3.8 例 34 内轮廓及内螺纹加工参考程序

程序号:O0342

程序段号	程序内容	程序说明
N10	%0342	
N20	M03 S500	
N30	T0202	调用 2 号刀及 2 号刀补
N40	M08	
N50	G00 X16 Z2	
N60	G71 U2 R1 P150 Q260 X-0.5 F120	
N70	G00 X100	
N80	Z100	
N90	M05	
N100	M09	
N110	M00	
N120	T0101	重新调用 1 号刀及 11 号刀补（加磨损）
N130	M03 S800	
N140	M08	
N150	G00 X16 Z2	
N160	G01 X34 F80	精加工程序首段，定位到锥面延长线
N170	X24 Z-6	
N180	X22.05	
N190	W-19.5	
N200	X20.017	
N210	Z-34	
N220	X16	精加工程序末段，刀具离开工件
N230	X2	刀具退出内孔
N240	G00 X100	
N250	Z100	
N260	M05	

续 表

程序段号	程序内容	程序说明
N270	M09	
N280	T0303	调用3号内螺纹刀及3号刀补
N290	M03 S500	
N300	M08	
N310	G00 X16 Z2	
N320	G01 Z-4	定位螺纹复合循环起点
N330	G76 C2 R2 E0.975 A60 X23.8 Z-23.5 K0.975 U0.1 V0.1 Q0.7 F1.5	用螺纹复合循环指令车削螺纹
N340	G00 X100	
N350	Z100	
N360	M05	
N370	M09	
N380	T0404	调用4号切断刀及4号刀补
N390	M03 S300	
N400	M08	
N410	G00 X48 Z-38	
N420	G01 X35 F50	
N430	X36	
N440	X25	
N450	X26	
N460	X15	因为钻孔深度大于40 mm,所以切断时不必走到轴线
N470	X46	
N480	G00 X100	

续 表

程序段号	程序内容	程序说明
N490	Z100	
N500	M05	
N510	M09	
N520	M30	

(2) 程序补充说明

① 本例中两个程序也可合并为一个程序,在外圆弧面精加工完成回到换刀点之后加入 M00 暂停指令,操作钻孔,再继续运行程序。

② 本例中刀架上安装刀具较多,且安装方向较复杂,有撞刀危险,因此可以先安装 1 号外圆车刀完成第一个程序,然后拆下 1 号刀,再安装 2、3、4 号刀运行第二个程序;在第二个程序中也可在 2 号内孔刀和 3 号内螺纹刀完成加工后加入 M00 暂停指令,先拆下该刀具再运行后面程序。

3. 加工实训

按第 3 章 3.4 数控车削零件自动加工一般操作流程步骤操作加工零件。

第 6 章

非圆曲线零件车削编程与加工训练

6.1 宏程序简介

6.1.1 华中数控用户宏程序

在加工中会遇到一些零件的轮廓母线为非圆曲线,华中数控系统可用用户宏程序编制车削非圆曲线的程序。

用户宏程序的最大特点是可以对变量进行运算,也可以跳转运行程序,使程序应用更加灵活、高效、快捷。虽然子程序对编写相同加工操作的程序非常有用,但用户宏程序允许使用变量算术、逻辑运算及条件转移,使得编写相同加工操作的程序更方便和容易。可将相同加工操作编为通用程序,如型腔加工宏程序和固定加工循环宏程序,使用时加工程序可用一条简单指令调出用户宏程序。

① 宏程序引入了变量和表达式,还有函数功能,具有实时动态计算功能,可完成非圆曲线,如椭圆、抛物线、双曲线以及三次曲线等。

② 宏程序可完成图形相同,但位置、尺寸不同的系列零件加工。

③ 宏程序可以极大地简化编程,精简程序。

HNC-21/22T、HNC-21M 为用户配备了强有力的类似于高级语言的宏程序功能,用户可以使用变量进行算术运算、逻辑运算和函数的混合运算。

此外,宏程序还提供了循环语句、分支语句和子程序调用语句,利于编制各种复杂的零件加工程序,减少乃至免除手工编程时繁琐的数值计算,精简程序量。

6.1.2 宏程序基础知识

1. 宏变量及常量

(1) 宏变量 HNC-21/22T华中世纪星数控系统变量表示形式为♯后跟1~4位数字,如♯1、♯51、♯1001等,有3种变量。

① 局部变量。♯0~♯49是在宏程序中局部使用的变量,用于存放宏程序中的数据,断电时丢失为空。

例35 局部变量

关于局部变量程序见表6.1.1。

表6.1.1 例35 局部变量程序

程序段号	程序内容	程序说明
	%0035	程序名:O0035
N10	♯1=10	主程序♯1赋值为10
N20	M98 P0100	调用程序号为0100的子程序
N30	♯2=♯1	令♯2=♯1=10,不变
N40	M30	
N50	%0100	
N60	♯2=♯1	子程序未给♯2赋值
N70	♯1=5	子程序中♯1赋值为5,不影响主程序值
N80	M99	

② 全局变量。用户可以自由使用♯50~♯199变量,对于由主程序调用的各子程序及各宏程序来说是通用的,可以人工赋值。HNC-21/22T系统中,子程序嵌套调用的深度最多可以有8层,见表6.1.2,每一层子程序都有

自己独立的局部变量(变量个数为50)。

表 6.1.2 8 层子程序嵌套

♯50～♯199	全局变量	♯450～♯499	5 层局部变量
♯200～♯249	0 层局部变量	♯500～♯549	6 层局部变量
♯250～♯299	1 层局部变量	♯550～♯599	7 层局部变量
♯300～♯349	2 层局部变量	♯600～♯699	刀具长度寄存器 H0～H99
♯350～♯399	3 层局部变量	♯700～♯799	刀具半径寄存器 D0～D99
♯400～♯449	4 层局部变量	♯800～♯899	刀具寿命寄存器

例 36 全局变量

全局变量应用程序见表 6.1.3。

表 6.1.3 例 36 全局变量程序

程序名：O0036

程序段号	程序内容	程序说明
	%0036	
N10	♯50=20	主程序♯50赋值为20
N20	M98 P0100	调用程序号为0100的子程序
N30	♯2=♯50	子程序结束后，♯50赋值为10，此时♯2=♯50=10
N40	M30	
N50	%100	
N60	♯2=♯50	♯50为全部变量，在主程序、子程序中均有效，♯2=50
N70	♯50=10	子程序中♯50赋值为10，结束子程序
N80	M99	

③ 系统变量。系统变量为♯1000～♯1199，它能获取包含在机床处理器或 NC 内存中的只读或读/写信息，包括与机床处理器有关的交换参数、机床状态获取参数、加工参数等系统信息如下。

| #1000 | 机床当前位置X | #1001 | 机床当前位置Y | #1002 | 机床当前位置Z |

（3）常量　常量如下。

| PI | 圆周率π | TRUE | 条件成立（真） | FALSE | 条件不成立（假） |

2. 运算符与表达式

（1）算术运算符　算术运算符如下。

| 加 | + | 减 | − | 乘 | * | 除 | / |

（2）条件运算符　条件运算符用在控制表达式IF和WHILE语句中，判断表达式的成立与否如下。

宏程序运算符	EQ	NE	GT	GE	LT	LE
含义	=	≠	>	≥	<	≤

（3）逻辑运算符　在IF和WHILE语句中，当有多个条件时，需要运用逻辑运算符将其连接在一起如下。

AND	需多个条件同时满足才成立
OR	只要满足任一条件即可成立
NOT	取反成立

例如：

#1 LT 30 AND #1 GT 10	当10≤#1≤30时，执行指令
#2 LT 10 OR #2 GT 20	当#2≤10或#2≥20时，执行指令

（4）函数　常用函数如下。

正弦	SIN [a]，其中，a为角度，单位为弧度	余弦	COS [a]
正切	TAN [a]	反正切	ATAN [a]

续 表

绝对值	ABS[a],表示|a|	取整	INT[a],去除尾数取整值,非四舍五入
取符号	SIGN[a]	开平方	SQRT[a],表示$\sqrt{a}$
指数	EXP[a],表示e^a		

(5) 表达式与运算优先级　用运算符、函数等组成的算式即为表达式,表达式中用[]来表达运算顺序。例如:

```
175/SQRT[2]*COS[55*PI/180];♯3*6GT14
```

在运算过程中,要明确优先顺序,这有利于理解程序含义。优先级顺序为:方括号→函数→乘除→加减→条件→逻辑。

(6) 赋值　把常数或表达式的值给予一个宏变量称为赋值。格式如下:
宏变量＝常数或表达式
例如:♯2＝175/SQRT[2]*COS[55*PI/180];

```
♯3＝24
♯10＝♯5＋10
♯1＝♯1＋2
```

在表达式中,"＝"右侧可以包含宏变量本身,如上例当前♯1＝1时,运行完本段程序后,♯1＝3。

3. 条件语句

程序流程的控制一般都是由某个条件是否成立决定的。所谓"条件",通常判断是变量或变量表达式的数值的式子,即"条件表达式"。在华中数控系统中一般存在两种指令:IF－ENDIF、WHILE－ENDW。

(1) IF条件判断语句　语句格式如下。

格式一	格式二
IF 条件表达式	IF 条件表达式
条件成立时执行的语句组	条件成立时执行的语句组

格式一	格式二
ELSE	ENDIF
条件不成立时执行的语句组	
ENDIF	

(2) WHILE 条件循环语句 语句格式如下。

格式
WHILE 条件表达式
条件成立时执行的语句组
ENDW

例 37 WHILE 条件循环语句

WHILE 条件循环语句程序见表 6.1.4。

表 6.1.4 例 37 WHILE 条件循环语句程序

程序名:O0037		
程序段号	程序内容	程序说明
	%0037	
N10	#1=10	赋值 #1=10
N20	WHILE #1 GE 2	当 #1≥2 时,执行下列指令组
N30	G91G01X5	沿 X 向移动 5 mm
N40	#1=#1−0.5	修改变量,步长为 0.5
N50	ENDW	条件语句不成立时,结束 WHILE 语句
N60	G0X100Z100	结束时,跳转至此语段

在 IF 条件语句中,判定表达式是否成立,并根据结果依次顺序执行。而在 WHILE 语句中,首先判断表达式情况,依据判断结果选择执行内容。满足要求时,执行 WHILE 与 ENDW 之间的语句组,并对变量重新赋值,即修改条件变量。经数次循环后,条件不成立时,最终跳出 WHILE 循环。流程图如图 6.1.1 所示。

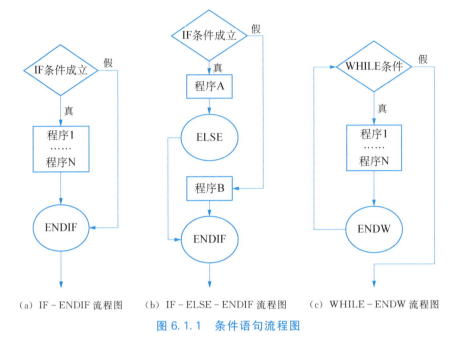

(a) IF – ENDIF 流程图　　(b) IF – ELSE – ENDIF 流程图　　(c) WHILE – ENDW 流程图

图 6.1.1　条件语句流程图

6.1.3　宏程序编程模板和使用步骤

（1）选定自变量　首先要选定一个自变量，曲线中的 X 和 Z 坐标任意一个都可以被定义为自变量。一般选择变化范围大的一个作为自变量，也可根据表达式方便情况来确定 X 或 Z 作为自变量。为了表达方便，在本书中将和 X 坐标相关的变量定义为♯1、♯11、♯12 等，将和 Z 坐标相关的变量定义为♯2、♯21、♯22 等。实际编程加工时，可根据个人习惯定义变量。

（2）确定自变量的起止点的坐标值　在非圆曲线自身坐标系中计算自变量的起（S）、止（T）点坐标值，如椭圆自身坐标系原点为椭圆中心点，抛物线自身坐标系原点为抛物线顶点。

（3）确定因变量与自变量的宏表达式　用运算符、函数等确定因变量与自变量的宏表达式。

（4）确定非圆曲线自身坐标系原点相对工件原点的偏移量　该偏移量是相对于工件坐标系而言的，即在工件坐标系中，非圆曲线原点相对工件原点的增量。根据方向有正负区别，且特别注意，X 方向的偏移量为半径值。

(5) 在计算工件坐标系下的 X 坐标值(♯11)时判别宏变量(♯1)的正负号

① 根据编程使用的工件坐标系,确定编程轮廓为零件的下侧轮廓还是上侧轮廓:编程使用的是 X 向下为正的工件坐标系(即前置式刀架),则编程轮廓为零件的下侧轮廓;编程使用的是 X 向上为正的工件坐标系(即后置式刀架),则编程轮廓为零件的上侧轮廓。

② 以编程轮廓中的公式曲线自身坐标系原点为原点,绘制对应工件坐标系的 X′ 和 Z′ 坐标轴。以其 Z′ 坐标为分界线,将轮廓分为正负两种轮廓,编程轮廓在 X′ 正方向的称为正轮廓,编程轮廓在 X′ 负方向的称为负轮廓。

③ 如果编程中使用的公式曲线是正轮廓,则在计算工件坐标系下的 X 坐标值(♯11)时宏变量(♯1)的前面应冠以正号,反之冠以负号。

(6) 套用宏程序编程模板　设 Z 坐标为自变量♯2,X 坐标为因变量♯1,自变量步长为 ΔW,则非圆曲线段的精加工程序宏程序编程模板如下。

♯2＝Z1	给自变量♯2赋值Z1。Z1是公式曲线自身坐标系下起始点的坐标值
WHILE ♯2 GE Z2	自变量♯2的终止值Z2。Z2是公式曲线自身坐标系下终止点的坐标值
♯1＝f(♯2)	确定因变量♯1(X)相对于自变量♯2(Z)的宏表达式
♯11＝±♯1+ΔX	计算工件坐标系下的 X 坐标值♯11:编程中使用的是正轮廓,♯1前冠以正,反之冠以负;ΔX 为曲线自身坐标原点相对于编程原点的 X 轴偏移量
♯22＝♯2+ΔZ	计算工件坐标系下的 Z 坐标值♯22:ΔZ 为曲线自身坐标原点相对于编程原点的 Z 轴偏移量
G01 X[2＊♯11] Z[♯22]	直线插补,X 为直径编程
♯2＝♯2−ΔW	自变量以步长 ΔW 变化,ΔW 一般为总增量除以100来计算
ENDW	循环结束

6.2 非圆曲线零件车削编程与加工训练

6.2.1 椭圆曲线零件加工

椭圆方程为 $\dfrac{x^2}{a^2}+\dfrac{z^2}{b^2}=1$。若 X 向尺寸变化较明显,一般设 X=♯1 为自变量,因变量 Z=♯2,则 $\sharp 2=b\sqrt{1-\dfrac{\sharp 1^2}{a^2}}$;若 Z 向尺寸变化较明显,一般设 Z=♯2 为自变量,因变量 X=♯1,则 $\sharp 1=a\sqrt{1-\dfrac{\sharp 2^2}{b^2}}$。

例 38　椭圆曲线零件加工实训

编程加工如图 6.2.1 所示椭圆曲线零件,已知材料为铝,毛坯尺寸 $\phi 25\times 55$。

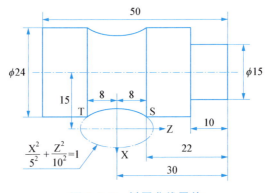

图 6.2.1　椭圆曲线零件

1. 制定零件加工工艺规程

(1) 分析零件　该零件外轮廓母线含有一段椭圆曲线,材料为铝。轮廓加工分粗车和精车两个工步,粗车去除大部分加工余量,留下直径 0.5 mm 精车加工余量。

(2) 确定加工工艺路线

① 粗车外轮廓,留 0.5 mm 精余量。

② 精车外轮廓至尺寸要求。

③ 切断。

(3) 确定工件装夹方案 用三爪自定心卡盘夹持 $\phi 25$ mm 棒料,保证工件伸出卡盘长度不小于 60 mm。

(4) 选择刀具 该零件外轮廓面选用 90°硬质合金外圆车刀粗加工和精加工,安装于 T01 号刀位;选用 4 mm 切断刀切断,安装于 T02 号刀位。

(5) 确定切削用量 切削用量见表 6.2.1。

表 6.2.1 例 38 切削用量

序号	加工面	刀具号	刀具类型	主轴转速 $n/(\text{r/min})$	进给量 $f/(\text{mm/min})$
1	粗车外轮廓面	T01	硬质合金外圆车刀	600	180
2	精车外轮廓面	T01	硬质合金外圆车刀	1000	100
3	切断	T02	4 mm 宽切断刀	300	50

(6) 制定加工工序卡 加工工序卡见表 6.2.2。

表 6.2.2 例 38 工序卡

零件名称	椭圆曲线零件	数量	1		设备及系统		毛坯规格	
零件材料	铝	尺寸单位	mm		华中世纪星		$\phi 25$ 棒料	
工序	名称			工艺要求				
1	锯切下料			$\phi 25 \times 80$				
2	数控车削	工步	工步内容	刀具号	刀具类型	主轴转速 $n/(\text{r/min})$	进给量 $f/(\text{mm/min})$	
		1	粗车外轮廓面	T01	硬质合金外圆车刀	600	180	
		2	精车外轮廓面	T01	硬质合金外圆车刀	1000	100	
		3	切断	T02	4 mm 宽切断刀	300	50	

(7) 计算数值

① 椭圆为标准方程,长半轴为 10,短半轴为 5,Z 向尺寸变化远大于 X 向,所以取 Z 向为自变量。

② 以椭圆中心为曲线自身坐标系原点,可知自变量起止点 Z 值分别为 $Z_S=8$,$Z_T=-8$。

③ 设 $X=\sharp 1$,$Z=\sharp 2$,因变量和自变量的函数关系可表达为 $\sharp 1=5*\mathrm{SQRT}[1-\sharp 2*\sharp 2/100]$。

④ 曲线自身坐标系原点,即椭圆中心相对于工件原点的偏移量为 X 向 $+15$,Z 向 -30。

⑤ 以 Z 轴为分界线,图形在 X 轴负向,所以有 $\sharp 11=-\sharp 1+15$,$\sharp 22=\sharp 2-30$。

2. 编制加工程序

加工参考程序见表 6.2.3(切断程序不再赘述)。

表 6.2.3 例 38 加工参考程序

程序号:O0038		
程序段号	程序内容	程序说明
N10	%0038	
N20	M03 S600	
N30	T0101	调用 1 号刀及 1 号刀补
N40	M08	
N50	G00 X25 Z2	
N60	G71 U2 R1 P150 Q300 X0.5 F180	
N70	G00 X100 Z100	
N80	M05	
N90	M09	
N100	M00	
N110	T0101	重新调用 1 号刀及 1 号刀补(加磨损)

续 表

程序段号	程序内容	程序说明
N120	M03 S1000	
N130	M08	
N140	G00 X25 Z2	
N150	G42 G01 X0 F100	精加工程序首段
N160	Z0	
N170	X15	
N180	Z-10	
N190	X24	
N200	Z-22	椭圆起点位置
N210	#2=8	设 Z 为自变量#2,给自变量赋值:#2=8
N220	WHILE #2 GE [-8]	自变量#2 的终止值-8:Z_T=-8
N230	#1=5*SQRT[1-#2*#2/100]	确定宏表达式
N240	#11=-#1+15	工件坐标系下的 X 坐标值#11:ΔX=15;编程使用的是负轮廓,#1 前冠以负号
N250	#22=#2-30	工件坐标系下的 Z 坐标值#22:ΔZ=-30
N260	G01 X[2*#11] Z[#22]	直线插补,X 为直径编程
N270	#2=#2-0.16	自变量以步长 0.16 变化
N280	ENDW	循环结束
N290	G01 Z-52	
N300	X26	精加工程序末段
N310	G40 G00 X100 Z100	取消刀尖半径补偿,返回换刀点
N320	M05	
N330	M09	
N340	M30	

3. 加工实训

按第 3 章 3.4 数控车削零件自动加工一般操作流程步骤操作加工零件。

6.2.2 抛物线曲线零件加工

抛物线方程为 $Z = aX^2$。若 X 向尺寸变化较明显,一般设 $X = \#1$ 为自变量,因变量 $Z = \#2$。$\#2 = a * \#1^2$;若 Z 向尺寸变化较明显,一般设 $Z = \#2$ 为自变量,因变量 $X = \#1$,则 $\#1\sqrt{\dfrac{\#2}{a}}$。

例 39 抛物线曲线零件加工实训

编程加工如图 6.2.2 所示抛物线曲线零件,已知材料为铝,毛坯尺寸 $\phi 35 \times 60$。

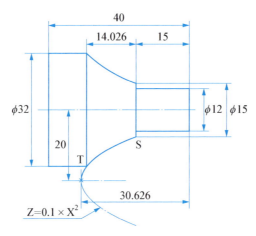

图 6.2.2 抛物线曲线零件

1. 制定零件加工工艺规程

(1) 分析零件 该零件外轮廓母线含有一段抛物线曲线,材料为铝。轮廓加工分粗车和精车两个工步,粗车去除大部分加工余量,留下直径 0.5 mm 精车加工余量。

(2) 确定加工工艺路线

① 粗车外轮廓,留 0.5 mm 精车余量。

② 精车外轮廓至尺寸要求。

③ 切断。

(3) 确定工件装夹方案　用三爪自定心卡盘夹持 φ35 mm 棒料,保证工件伸出卡盘长度不小于 50 mm。

(4) 选择刀具　该零件外轮廓面选用 90°硬质合金外圆车刀粗加工和精加工,安装于 T01 号刀位;选用 4 mm 切断刀切断,安装于 T02 号刀位。

(5) 确定切削用量　切削用量见表 6.2.4。

表 6.2.4　例 39 切削用量

序号	加工面	刀具号	刀具类型	主轴转速 $n/(\text{r/min})$	进给量 $f/(\text{mm/min})$
1	粗车外轮廓面	T01	硬质合金外圆车刀	600	180
2	精车外轮廓面	T01	硬质合金外圆车刀	1000	100
3	切断	T02	4 mm 宽切断刀	300	50

(6) 制定加工工序卡　加工工序卡见表 6.2.5。

表 6.2.5　例 39 工序卡

零件名称	抛物线曲线零件	数量	1	设备及系统		毛坯规格	
零件材料	铝	尺寸单位	mm	华中世纪星		φ35 棒料	
工序	名称	工艺要求					
1	锯切下料	φ35×60					
2	数控车削	工步	工步内容	刀具号	刀具类型	主轴转速 $n/(\text{r/min})$	进给量 $f/(\text{mm/min})$
		1	粗车外轮廓面	T01	硬质合金外圆车刀	600	180
		2	精车外轮廓面	T01	硬质合金外圆车刀	1000	100
		3	切断	T02	4 mm 宽切断刀	300	50

(7) 计算数值

① 该抛物线 Z 向尺寸变化大于 X 向,取 Z 向为自变量。

② 以抛物线顶点为曲线自身坐标系原点,可知曲线起、止点坐标分别为 S(12.454,15.626),T(4,1.6)。

③ 设 X=♯1,Z=♯2,因变量和自变量的函数关系可表达为♯1=SQRT[10*♯2]。

④ 曲线自身坐标系原点,即抛物线顶点相对于工件原点的偏移量为 X 向+20,Z 向−30.626。

⑤ 以 Z 轴为分界线,图形在 X 轴负向,所以有♯11=−♯1+20,♯22=♯2−30.626。

2. 编制加工程序

加工参考程序见表 6.2.6(切断程序不再赘述)。

表 6.2.6　例 39 加工参考程序

程序号:O0039

程序段号	程序内容	程序说明
N10	%0039	
N20	M03 S600	
N30	T0101	调用 1 号刀及 1 号刀补
N40	M08	
N50	G00 X35 Z2	
N60	G71 U2 R1 P150 Q210 X0.5 F180	
N70	G00 X100 Z100	
N80	M05	
N90	M09	
N100	M00	
N110	T0101	重新调用 1 号刀及 1 号刀补(加磨损)

续 表

程序段号	程序内容	程序说明
N120	M03 S1000	
N130	M08	
N140	G00 X35 Z2	
N150	G42 G01 X0 F100	精加工程序首段
N160	Z0	
N170	X12	
N180	Z-15	
N190	X15.626	抛物线起点位置
N200	♯2=15.626	设Z为自变量♯2,给自变量赋值:♯2=15.626
N210	WHILE ♯2 GE 1.6	自变量♯2的终止值1.6;Z_T=1.6
N220	♯1=SQRT[10*♯2]	确定宏表达式
N230	♯11=-♯1+20	工件坐标系下的X坐标值♯11:ΔX=20;编程使用的是负轮廓,♯1前冠以负号
N240	♯22=♯2-30.626	工件坐标系下的Z坐标值♯22:ΔZ=-30.626
N250	G01 X[2*♯11] Z[♯22]	直线插补,X为直径编程
N260	♯2=♯2-0.14	自变量以步长0.14变化
N270	ENDW	循环结束
N280	G01 Z-40	
N290	X36	精加工程序末段
N300	G40 G00 X100 Z100	取消刀尖半径补偿,返回换刀点
N310	M05	
N320	M09	
N330	M30	

3. 加工实训

按 3.4 数控车削零件自动加工一般操作流程步骤操作加工零件。

6.2.3 三次曲线零件加工

例 40　三次曲线零件加工实训

编程加工如图 6.2.3 所示三次曲线零件,已知材料为铝,毛坯尺寸 $\phi 60 \times 75$。

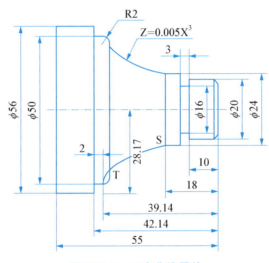

图 6.2.3　三次曲线零件

1. 制定零件加工工艺规程

(1) 分析零件　该零件外轮廓母线含有一段三次曲线,材料为铝。轮廓加工分粗车和精车两个工步,粗车去除大部分加工余量,留下直径 0.5 mm 精车加工余量。

(2) 确定加工工艺路线

① 粗车外轮廓,留 0.5 mm 精车余量。

② 精车外轮廓至尺寸要求。

② 切断。

(3) 确定工件装夹方案　用三爪自定心卡盘夹持 $\phi 60$ mm 棒料,保证工件伸出卡盘长度不小于 65 mm。

(4) 选择刀具　该零件外轮廓面选用 90°硬质合金外圆车刀粗加工和精加工,安装于 T01 号刀位;选用 4 mm 切断刀切断,安装于 T02 号刀位。

(5) 确定切削用量　切削用量见表 6.2.7。

表 6.2.7　例 40 切削用量

序号	加工面	刀具号	刀具类型	主轴转速 $n/(\text{r/min})$	进给量 $f/(\text{mm/min})$
1	粗车外轮廓面	T01	硬质合金外圆车刀	600	180
2	精车外轮廓面	T01	硬质合金外圆车刀	1000	100
3	切断	T02	4 mm 宽切断刀	300	50

(6) 制定加工工序卡　加工工序卡见表 6.2.8。

表 6.2.8　例 40 工序卡

零件名称	三次曲线零件	数量	1	设备及系统		毛坯规格		
零件材料	铝	尺寸单位	mm	华中世纪星		$\phi 60$ 棒料		
工序	名称	工艺要求						
1	锯切下料	$\phi 60 \times 75$						
2	数控车削	工步	工步内容	刀具号	刀具类型	主轴转速 $n/(\text{r/min})$	进给量 $f/(\text{mm/min})$	
		1	粗车外轮廓面	T01	硬质合金外圆车刀	600	180	
		2	精车外轮廓面	T01	硬质合金外圆车刀	1000	100	
		3	切断	T02	4 mm 宽切断刀	300	50	

(7) 计算数值

① 该三次曲线函数方程为 $Z = 0.005 X^3$;

② 在三次曲线自身坐标系中计算可知,曲线起、止点坐标分别为

S(16.171,21.144),T(7.368,2)。

③ Z向数值变化大于X向,一般取Z向为自变量,但函数关系中没有$\sqrt[3]{Z}$,所以选择X为自变量。

④ 设X=♯1,Z=♯2,因变量和自变量的函数关系可表达为♯2=0.005*♯1*♯1*♯1。

⑤ 曲线自身坐标系原点相对于工件原点的偏移量为X向+28.171,Z向-39.144。

⑥ 以Z轴为分界线,图形在X轴负向,所以有♯11=-♯1+28.171,♯22=♯2-39.144。

2. 编制加工程序

加工参考程序见表6.2.9(切断程序不再赘述)。

表6.2.9 例40加工参考程序

程序号:O0040

程序段号	程序内容	程序说明
N10	%0040	
N20	M03 S600	
N30	T0101	调用1号刀及1号刀补
N40	M08	
N50	G00 X60 Z2	
N60	G71 U2 R1 P150 Q330 X0.5 F180	
N70	G00 X100 Z100	
N80	M05	
N90	M09	
N100	M00	
N110	T0101	重新调用1号刀及1号刀补(加磨损)
N120	M03 S1000	
N130	M08	

续　表

程序段号	程序内容	程序说明
N140	G00 X60 Z2	
N150	G42 G01 X0 F100	精加工程序首段
N160	Z0	
N170	X20 C2	
N180	Z-13	
N190	X24	
N200	Z-18	三次曲线起点位置
N210	#1=16.171	设 X 为自变量#1,给自变量赋值：#1=16.171
N220	WHILE #1 GE 7.368	自变量 #1 的终止值 7.368：X_T=7.368
N230	#2=0.005*#1*#1*#1	确定宏表达式
N240	#11=-#1+28.171	工件坐标系下的 X 坐标值#11：ΔX=28.171；编程使用的是负轮廓，#1 前冠以负号
N250	#22=#2-39.144	工件坐标系下的 Z 坐标值 #22：ΔZ=-39.144
N260	G01 X[2*#11] Z[#22]	直线插补,X 为直径编程
N270	#1=#1-0.35	自变量以步长 0.35 变化
N280	ENDW	循环结束
N290	X50 R2	
N300	W-5 R2	
N310	X56	
N320	Z-56	
N330	X65	精加工程序末段
N340	G40 G00 X100 Z100	取消刀尖半径补偿,返回换刀点

续表

程序段号	程序内容	程序说明
N350	M05	
N360	M09	
N370	M30	

3. 加工实训

按第 3 章 3.4 数控车削零件自动加工一般操作流程步骤操作加工零件。

6.2.4 非圆曲线外螺纹复合零件加工

例 41　非圆曲线外螺纹复合零件加工实训

编程加工如图 6.2.4 所示非圆曲线外螺纹复合零件，已知材料为铝，毛坯尺寸 $\phi 50 \times 100$，未注倒角为 $2 \times 45°$。

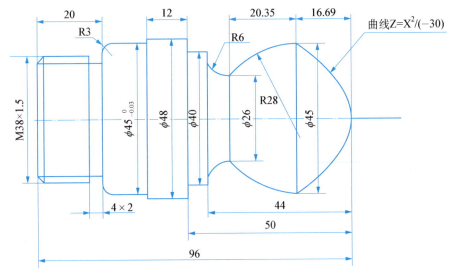

图 6.2.4　非圆曲线外螺纹复合零件

1. 制定零件加工工艺规程

（1）分析零件　该零件右侧外轮廓母线含有一段非圆曲线，左侧有一段外螺纹，为非圆曲线外螺纹复合零件，材料为铝。需掉头装夹加工，先加工左

侧轮廓至 φ48 mm 外圆及外螺纹,再加工右侧剩余外轮廓。轮廓加工分粗车和精车两个工步,粗车去除大部分加工余量,留下直径 0.5 mm 精车加工余量。

(2) 确定加工工艺路线

① 粗车左侧外轮廓,留 0.5 mm 精车余量。

② 精车左侧外轮廓至尺寸要求。

③ 车 4 mm 退刀槽。

④ 车 M38 外螺纹。

⑤ 掉头粗车右侧外轮廓,留 0.5 mm 精车余量。

⑥ 精车右侧外轮廓至尺寸要求。

(3) 确定工件装夹方案　第一次装夹,用三爪自定心卡盘夹持 φ50 mm 棒料,保证工件伸出卡盘长度不小于 52 mm;第二次掉头装夹 φ45 mm 外圆面,卡盘端面顶住轴肩定位,注意保护已加工面。

(4) 选择刀具　该零件外轮廓面选用 90°硬质合金外圆车刀粗加工和精加工,安装于 T01 号刀位,注意掉头加工时刀补选用 11 号;选用 4 mm 槽刀车退刀槽,安装于 T02 号刀位;选用 60°外螺纹刀车 M38 外螺纹,安装于 T03 号刀位。

(5) 确定切削用量　切削用量见表 6.2.10。

表 6.2.10　例 41 切削用量

序号	加工面	刀具及刀补号	刀具类型	主轴转速 $n/(r/min)$	进给量 $f/(mm/min)$
1	粗车左侧外轮廓面	T0101	硬质合金外圆车刀	600	180
2	精车左侧外轮廓面	T0101	硬质合金外圆车刀	1000	100
3	车 4 mm 槽	T0202	4 mm 宽槽刀	600	180
4	车 M38 外螺纹	T0303	60°外螺纹刀	1000	100
5	粗车右侧外轮廓面	T0111	硬质合金外圆车刀	500	50
6	精车右侧外轮廓面	T0111	硬质合金外圆车刀	500	按导程及转速由系统自动计算

(6) 制定加工工序卡 加工工序卡见表 6.2.11。

表 6.2.11 例 41 加工工序卡

零件名称	非圆曲线外螺纹复合零件	数量	1	设备及系统		毛坯规格	
零件材料	铝	尺寸单位	mm	华中世纪星		$\phi 50$ 棒料	
工序	名称			工艺要求			
1	锯切下料			$\phi 50 \times 100$			
2	数控车削	工步	工步内容	刀具及刀补号	刀具类型	主轴转速 $n/(\text{r/min})$	进给量 $f/(\text{mm/min})$
		1	粗车左侧外轮廓面	T0101	硬质合金外圆车刀	600	180
		2	精车左侧外轮廓面	T0101	硬质合金外圆车刀	1000	100
		3	车 4 mm 槽	T0202	4 mm 宽槽刀	600	180
		4	车 M38 外螺纹	T0303	60°外螺纹刀	1000	100
		5	粗车右侧外轮廓面	T0111	硬质合金外圆车刀	500	50
		6	精车右侧外轮廓面	T0111	硬质合金外圆车刀	500	按导程及转速由系统自动计算

(7) 计算数值

① 该非圆曲线为抛物线,函数方程为 $Z = X^2/(-30)$。

② 在抛物线自身坐标系中计算可知,曲线起、止点分别为 S(0,0),T(-22.5,-16.69)。

③ X 向数值变化大于 Z 向,取 X 向为自变量。

④ 设 X=♯1,Z=♯2,因变量和自变量的函数关系可表达为 ♯2=♯1*♯1/(-30)。

⑤ 曲线自身坐标系原点相对于工件原点的偏移量为都为 0。

⑥ 以 Z 轴为分界线,图形在 X 轴正向,所以有 ♯11=♯1,♯22=♯2。

⑦ 精加工零件轮廓尺寸有偏差存在时,编程应取极限尺寸的中值,在本例中,$\phi 45_{-0.03}^{0}$外圆的编程尺寸 $=45+[0+(-0.03)]/2=44.985$。

⑧ 螺纹母体外圆尺寸一般为外径 d' 的值,$d'=D-(10\%\sim20\%)P$,在本例中,$d'=38-(10\%\sim20\%)\times1.5$,取 37.8 mm。

⑨ 螺纹复合循环指令中地址符 X 表示有效螺纹终点的 X 坐标值,即为外螺纹小径,$d_1=D-0.65\times2P=38-0.65\times2\times1.5=36.05(\text{mm})$。

⑩ 在螺纹加工轨迹中应设置足够的升速进刀段 δ 和降速退刀段 δ',在本例中,δ 取 2 mm,δ' 取 1 mm。

⑪ 由于设置升速进刀段 $\delta=2$ mm、降速退刀段 $\delta'=1$ mm,因此 G76 循环起点设为(X40,Z2),切削终点为(X36.05,Z-17)。

2. 编制加工程序

加工参考程序见表 6.2.12 和 6.2.13。

表 6.2.12 例 41 左侧轮廓加工参考程序

程序段号	程序内容	程序说明
	程序号:O0411	
N10	%0411	
N20	M03 S600	
N30	T0101	调用 1 号刀及 01 号刀补
N40	M08	
N50	G00 X32 Z2	
N60	G71 U2 R1 P150 Q320 X0.5 F180	
N70	G00 X100 Z100	
N80	M05	
N90	M09	
N100	M00	
N110	T0101	重新调用 1 号刀及 01 号刀补(加磨损)

续　表

程序段号	程序内容	程序说明
N120	M03 S1000	
N130	M08	
N140	G00 X50 Z2	
N150	G42 G00 X0	精加工程序首段
N160	G01 Z0 F100	
N170	X37.8 C2	
N180	W-20	
N190	X44.985 R3	
N200	W-14	
N210	X48	
N220	W-13	
N230	X52	精加工程序末段
N240	G40 G00 X100 Z100	
N250	M05	
N260	M09	
N270	T0202	调用2号槽刀及2号刀补
N280	M03 S500	
N290	M08	
N300	G00 X46 Z-20	
N310	G01 X34 F50	
N320	X46	
N330	G00 X100 Z100	

续　表

程序段号	程序内容	程序说明
N340	M05	
N350	M09	
N360	T0303	调用3号槽刀及3号刀补
N370	M03 S500	
N380	M08	
N390	G00 X40 Z2	快速定位螺纹复合循环起点
N400	G76 C2 A60 X36.05 Z-17 K0.975 U0.1 V0.1 Q0.7 F1.5	用螺纹复合循环指令车削螺纹
N410	G00 X100 Z100	
N420	M05	
N430	M09	
N440	M30	

表6.2.13　例41右侧轮廓及外螺纹加工参考程序

程序号：O0412

程序段号	程序内容	程序说明
N10	%0412	
N20	M03 S600	
N30	T0111	调用1号刀及11号刀补
N40	M08	
N50	G00 X50 Z2	
N60	G71 U2 R1 P150 Q300 E0.5 F180	
N70	G00 X100 Z100	
N80	M05	
N90	M09	
N100	M00	

续 表

程序段号	程序内容	程序说明
N110	T0111	重新调用1号刀及11号刀补(加磨损)
N120	M03 S1000	
N130	M08	
N140	G00 X50 Z2	
N150	G42 G01 X0 F100	精加工程序首段
N160	Z0	抛物线起点位置
N170	#1=0	设X为自变量#1,给自变量赋值:#1=0
N180	WHILE #1 GE 22.5	自变量#1的终止值22.5:X_T=22.5
N190	#2=#1*#1/(−30)	确定宏表达式
N200	#11=#1	工件坐标系下的X坐标值#11:ΔX=0; 编程使用的是正轮廓,#1前冠以正号
N210	#22=#2	工件坐标系下的Z坐标值#22:ΔZ=0
N220	G01 X[2*#11] Z[#22]	直线插补,X为直径编程
N230	#1=#1−0.225	自变量以步长0.225变化
N240	ENDW	循环结束
N250	G03 X26 W-20.35 R28	
N260	G01 Z-38	
N270	G02 X38 Z-44 R6	
N280	G01 X40	
N290	Z-50	
N300	X52	精加工程序末段
N310	G40 G00 X100 Z100	取消刀尖半径补偿,返回换刀点
N320	M05	
N330	M09	
N340	M30	

3. 加工实训

按第3章3.4数控车削零件自动加工一般操作流程步骤操作加工零件。

第7章

配合件综合编程与加工训练

7.1 孔轴配合件加工训练

例42 孔轴配合件加工实训

编程加工如图 7.1.1 所示孔轴配合件，材料为铝，毛坯 1 尺寸为 $\phi50\times100$，毛坯 2 尺寸为 $\phi50\times60$。

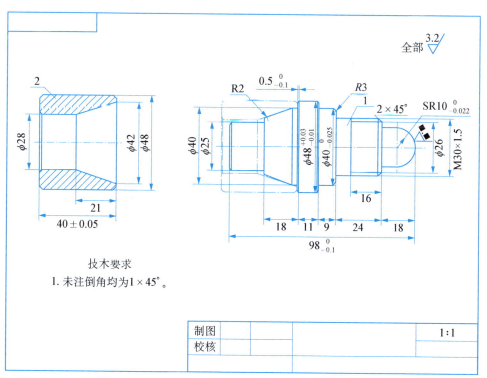

图 7.1.1 孔轴配合件

1. 制定零件加工工艺规程

(1) 分析零件　该工件为孔轴配合件:零件1为轴类零件,复合了外圆柱、外圆锥、圆弧和外螺纹等形状的加工,加工时须保证精度要求,且须合理安排工序,掉头装夹加工;零件2为套类零件,重点加工内孔,要保证配合后0.5 mm 的间隙。先加工零件1右侧轮廓至 ϕ48 mm 外圆面及外螺纹,再掉头装夹加工左侧剩余轮廓,最后加工零件2,注意测量配合情况。

(2) 确定加工工艺路线

① 粗车零件1右侧轮廓,直径留 0.5 mm 精车余量。

② 精车零件1右侧轮廓至尺寸要求。

③ 车 M30 外螺纹。

④ 掉头粗车零件1左侧轮廓,直径留 0.5 mm 精车余量。

⑤ 精车零件1左侧轮廓至尺寸要求。

⑥ 粗车零件2左侧外圆面,直径留 0.5 mm 精车余量。

⑦ 精车零件2左侧外圆面至尺寸要求。

⑧ 掉头装夹钻中心孔。

⑨ 钻 ϕ25 mm 孔。

⑩ 粗车零件2右侧外圆面,直径留 0.5 mm 精车余量。

⑪ 精车零件2右侧外圆面至尺寸要求。

⑫ 粗车零件2内圆面,直径留 0.5 mm 精车余量。

⑬ 精车零件2内圆面至尺寸要求。

(3) 确定工件装夹方案　零件1第一次装夹,三爪自定心卡盘夹持 ϕ50 mm 棒料,保证工件伸出卡盘长度不小于 70 mm;第二次掉头装夹,用三爪自定心卡盘夹持 ϕ40 mm 外圆面,卡盘端面顶住轴肩,注意保护已加工面。零件2第一次装夹,三爪自定心卡盘夹持 ϕ50 mm 棒料,保证工件伸出卡盘长度不小于 30 mm;第二次掉头装夹,用三爪自定心卡盘夹持 ϕ48 mm 外圆面,保证工件伸出卡盘长度不小于 25 mm,注意保护已加工面。

(4) 选择刀具　零件1外轮廓面选用 90°硬质合金外圆车刀粗加工和精加工,安装于 T01 号刀位,注意掉头加工的对刀方式,第一次安装加工刀补号为 01 号,第二次安装加工刀补号为 11 号;选择 60°角外螺纹刀加工 M30

外螺纹,安装于 T02 号刀位。零件 2 选择外轮廓面选用 90°硬质合金外圆车刀粗加工和精加工,安装于 T01 号刀位,注意掉头加工的对刀方式,第一次安装加工刀补号为 01 号,第二次安装加工刀补号为 11 号;选择 φ10 mm 中心钻及 φ25 mm 钻头,依次安装于尾座,手动钻通孔;选择一把内孔车刀完成内圆面轮廓粗加工和精加工,安装于 T03 刀位,刀尖方位号 2 号,注意内孔车刀刀柄应小于孔径,且注意安装方位,应使刀柄平行于工件轴线。

(5)确定切削用量　切削用量见表 7.1.1 所示。

表 7.1.1　例 42 切削用量

序号	加工面	刀具及刀补编号	刀具类型	主轴转速 $n/(\text{r/min})$	进给量 $f/(\text{mm/min})$
1	粗车零件 1 右侧轮廓	T0101	硬质合金外圆车刀	600	180
2	精车零件 1 右侧轮廓	T0101	硬质合金外圆车刀	1000	100
3	车 M30 外螺纹	T0202	60°外螺纹刀	500	按导程及转速由系统自动计算
4	粗车零件 1 左侧轮廓	T0111	硬质合金外圆车刀	600	180
5	精车零件 1 左侧轮廓	T0111	硬质合金外圆车刀	1000	100
6	粗车零件 2 左侧外圆面	T0101	硬质合金外圆车刀	500	200
7	精车零件 2 左侧外圆面	T0101	硬质合金外圆车刀	1000	100
8	钻中心孔		φ10 mm 中心钻	1000	手动操作
9	钻 φ25 mm 孔		φ25 mm 钻头	300	手动操作
10	粗车零件 2 右侧外圆面	T0111	硬质合金外圆车刀	600	180
11	精车零件 2 右侧外圆面	T0111	硬质合金外圆车刀	1000	100
12	粗车零件 2 内圆面	T0303	硬质合金内孔车刀	500	120
13	精车零件 2 内圆面	T0303	硬质合金内孔车刀	800	80

(6)制定加工工序卡　加工工序卡见表 7.1.2。

表 7.1.2　例 42 工序卡

零件名称	孔轴配合件	数量	1		设备及系统		毛坯规格	
零件材料	铝	尺寸单位	mm		华中世纪星		$\phi 50$ 棒料	
工序	名称				工艺要求			
1	锯切下料				$\phi 50 \times 100$、$\phi 50 \times 60$			
2	数控车削	工步	工步内容	刀具及刀补编号	刀具类型		主轴转速 $n/(r/min)$	进给量 $f/(mm/min)$
		1	粗车零件1右侧轮廓	T0101	硬质合金外圆车刀		600	180
		2	精车零件1右侧轮廓	T0101	硬质合金外圆车刀		1000	100
		3	车 M30 外螺纹	T0202	60°外螺纹刀		500	按导程及转速由系统自动计算
		4	粗车零件1左侧轮廓	T0111	硬质合金外圆车刀		600	180
		5	精车零件1左侧轮廓	T0111	硬质合金外圆车刀		1000	100
		6	粗车零件2左侧外圆	T0101	硬质合金外圆车刀		600	180
		7	精车零件2左侧外圆	T0101	硬质合金外圆车刀		1000	100
		8	钻中心孔		$\phi 10$ mm 中心钻		1000	手动操作
		9	钻 $\phi 25$ mm 孔		$\phi 25$ mm 钻头		300	手动操作
		10	粗车零件2右侧外圆	T0111	硬质合金外圆车刀		600	180
		11	精车零件2右侧外圆	T0111	硬质合金外圆车刀		1000	100
		12	粗车零件2内圆面	T0303	硬质合金内孔车刀		500	120
		13	精车零件2内圆面	T0303	硬质合金内孔车刀		800	80

(7) 计算数值

① 精加工零件轮廓尺寸有偏差时，编程应取极限尺寸的中值。在本例中，零件 1 的 $\phi 48_{-0.01}^{+0.03}$ 外圆的编程尺寸 $=48+[0.03+(-0.01)]/2=48.01$，$\phi 40_{-0.025}^{0}$ 外圆的编程尺寸 $=40+[0+(-0.025)]/2=39.988$。

② 螺纹母体外圆尺寸一般为外径 d' 的值，$d'=30-(10\%\sim20\%)\times1.5$，取 29.8 mm。

③ 在本例中螺纹切削的升速进刀段 δ 取 2 mm。

④ 实际切削起点坐标值为 (X32, Z-16)。

⑤ 本例中有效螺纹终点的 X 坐标值，即外螺纹小径，$d_1=D-0.65\times 2P=30-0.65\times 2\times 1.5=28.05$ (mm)。

⑥ 本例中螺纹切削退尾量 R 取 2 mm，E=0.975 mm。

⑦ 实际切削终点坐标值为 (X28.05, Z-32)。

2. 编制加工程序

(1) 加工参考程序　程序见表 7.1.3～表 7.1.6。

表 7.1.3　例 42 零件 1 右侧轮廓加工参考程序

程序段号	程序内容	程序说明
	程序号：O0421	
N10	%0421	
N20	M03 S600	
N30	T0101	调用 1 号刀及 01 号刀补
N40	M08	
N50	G00 X50 Z2	
N60	G71 U2 R1 P150 Q260 X0.5 F180	
N70	G00 X100 Z100	
N80	M05	
N90	M09	
N100	M00	
N110	T0101	重新调用 1 号刀及 01 号刀补（加磨损）

续 表

程序段号	程序内容	程序说明
N120	M03 S1000	
N130	M08	
N140	G00 X50 Z2	
N150	G01 X0 F100	精加工程序首段
N160	G01 Z0 F100	
N170	X0	
N180	G03 X20 Z-10 R10	
N190	G01 Z-18	
N200	X29.8 C2	
N210	W-24	
N220	X39.988 R3	
N230	W-9	
N240	X46	
N250	X48 W-2	
N260	W-13	精加工程序末段
N270	G00 X100	
N280	G40 Z100	
N290	M05	
N300	M09	
N310	T0202	调用2号外螺纹刀及2号刀补
N320	M03 S500	
N330	M08	
N340	G00 X32 Z-16	快速定位螺纹复合循环起点
N350	G76 C2 R2 E0.975 A60 X28.05 Z-32 K0.975 U0.1 V0.1 Q0.7 F1.5	用螺纹复合循环指令车削螺纹
N360	G00 X100 Z100	
N370	M05	

第 7 章　配合件综合编程与加工训练

续　表

程序段号	程序内容	程序说明
N380	M09	
N390	M30	

表 7.1.4　例 42 零件 1 左侧轮廓加工参考程序

程序号：O0422

程序段号	程序内容	程序说明
N10	％0422	
N20	M03 S600	
N30	T0111	调用 1 号刀及 11 号刀补
N40	M08	
N50	G00 X50 Z2	
N60	G71 U2 R1 P150 Q240 X0.5 F180	
N70	G00 X100 Z100	
N80	M05	
N90	M09	
N100	M00	
N110	T0111	重新调用 1 号刀及 11 号刀补（加磨损）
N120	M03 S1000	
N130	M08	
N140	G00 X50 Z2	
N150	G42 G00 X-1	精加工程序首段
N160	Z0	
N170	X25 C1	
N180	W-18	
N190	X30 R2	
N200	X40 W-15	
N210	Z-36	
N220	X46	

续 表

程序段号	程序内容	程序说明
N230	X50W-2	精加工程序末段,刀具离开工件
N240	G00 X100 Z100	
N250	M05	
N250	M09	
N270	M30	

表 7.1.5 例 42 零件 2 左侧外轮廓加工参考程序

程序号:O0423

程序段号	程序内容	程序说明
N10	%0423	
N20	M03 S600	
N30	T0101	调用 1 号刀及 1 号刀补
N40	M08	
N50	G00 X0 Z2	
N60	G01 Z0 F180	
N70	X48.5	准备粗车
N80	Z-25	粗车
N90	X52	退刀
N100	G00 X100 Z100	返回换刀点
N110	M05	
N120	M09	
N130	M00	程序暂停,测量
N140	T0111	重新调用 1 号刀及 01 号刀补(加磨损)
N150	M03 S1000	
N160	M08	
N170	G00 X0 Z2	
N180	G01 Z0 F100	

续 表

程序段号	程序内容	程序说明
N190	X48 C1	准备精车
N200	Z-25	精车
N210	X52	退刀
N220	G00 X100 Z100	
N230	M05	
N240	M09	
N250	M30	

表 7.1.6 例 42 零件 2 右侧轮廓及内孔加工参考程序

程序号:O0424

N10	%0424	
N20	M03 S600	
N30	T0111	调用 1 号刀及 11 号刀补
N40	M08	
N50	G00 X0 Z2	
N60	G01 Z0 F180	
N70	X48.5	准备粗车
N80	Z-25	粗车
N90	X52	退刀
N100	G00 X100 Z100	返回换刀点
N110	M05	
N120	M09	
N130	M00	程序暂停,测量
N140	T0111	重新调用 1 号刀及 11 号刀补(加磨损)
N150	M03 S1000	

续 表

N160	M08	
N170	G00 X0 Z2	
N180	G01 Z0 F100	
N190	X48 C1	准备精车
N200	Z-25	精车
N210	X52	退刀
N220	G00 X100 Z100	
N230	M05	
N240	M09	
N250	T0303	调用3号内孔刀及3号刀补
N260	M03 S1000	
N270	M08	
N280	G00 X20 Z2	快速定位至循环起点
N290	G71 U1.5 R1 P390 Q440 E-0.5 F120	用复合循环指令G71沿精加工路线粗车去除大余量
N300	G00 X100	
N310	Z100	
N320	M05	
N330	M09	
N340	M00	粗车结束,程序暂停,测量尺寸
N350	T0303	重新调用3号刀及3号刀补(加磨损)
N360	M03 S800	
N370	M08	
N380	G00 X25 Z2	
N390	G01 X42 F80	精加工程序首段
N400	Z0	
N410	X28 Z-21	内孔倒角不能用直线后倒角指令

续 表

N420	Z-39	
N430	X32 W-2	
N440	X25	精加工程序末段,刀具离开工件
N450	Z2	退刀
N460	G00 X100	
N470	Z100	
N480	M05	
N490	M09	
N500	M30	

(2) 程序补充说明　内孔加工完毕先不要拆下工件,用加工好的零件1检查配合情况。如果尺寸还未到位,可以增加磨损值,用指定行运行模式进一步修整。

3. 加工实训

按第3章3.4数控车削零件自动加工一般操作流程步骤操作加工零件。

4. 参考配分表

该配合件符合高级数控车工实操考核标准,配分表见表7.1.7,可按此表学员考核。

表 7.1.7　孔轴配合件实操配分表

工件名称		孔轴配合件		
序号	检测项目	考核内容	配分	得分
1	外圆	$\phi 48^{+0.03}_{-0.01}$	超差0.01扣1分	10	
2	外圆	$\phi 40^{0}_{-0.025}$	超差0.01扣1分	10	
3	长度	40 ± 0.05	超差0.02扣1分	8	
4	长度	$98^{0}_{-0.1}$	超差0.05扣1分	8	
5	螺纹	$M30 \times 1.5$	通止规超差不得分	10	
6	球面	$SR10^{0}_{-0.022}$	超差0.02扣1分	8	

续 表

序号	检测项目	考核内容	配分	得分
7	配合间隙	$0.5_{-0.1}^{0}$	超差 0.05 扣 1 分	12
8	圆角、倒角	R2、R3、C1、C2	每处 2 分,共 9 处	18
9	粗糙度	Ra3.2	每处 2 分,共 8 处	16
合计				

7.2 螺纹配合件加工训练

例 43 螺纹配合件加工实训

编程加工如图 7.2.1 所示螺纹配合件,材料为铝,毛坯 1 尺寸 $\phi 65 \times 125$,毛坯 2 尺寸 $\phi 65 \times 50$。

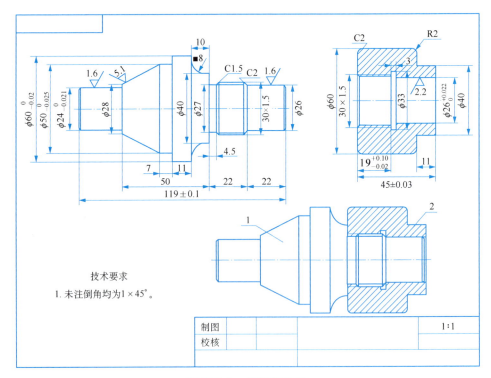

图 7.2.1 螺纹配合件

1. 制定零件加工工艺规程

(1) 分析零件　该工件为螺纹配合件:零件1为轴类零件,复合了外圆柱、外圆锥、圆弧和外螺纹等形状,加工时须保证精度要求,且须合理安排工序,掉头装夹加工;零件2为套类零件,重点加工内孔和内螺纹,要保证螺纹配合紧密。先加工零件1左侧轮廓至 $\phi60$ mm 外圆面,再掉头装夹加工右侧轮廓及外螺纹,最后加工零件2,注意配合情况。

(2) 确定加工工艺路线

① 粗车零件1左侧轮廓,直径留 0.5 mm 精车余量。

② 精车零件1左侧轮廓至尺寸要求。

③ 掉头粗车零件1右侧轮廓,直径留 0.5 mm 精车余量。

④ 精车零件1右侧轮廓至尺寸要求。

⑤ 车 M30 外螺纹。

⑥ 粗车零件2右侧外圆面,直径留 0.5 mm 精车余量。

⑦ 精车零件2右侧外圆面至尺寸要求。

⑧ 掉头装夹钻中心孔与 $\phi22$ mm 孔。

⑨ 粗车零件2左侧外圆面,直径留 0.5 mm 精车余量。

⑩ 精车零件2左侧外圆面至尺寸要求。

⑪ 粗车零件2内孔,直径留 0.5 mm 精车余量。

⑫ 精车零件2内孔至尺寸要求。

⑬ 车退刀槽。

⑭ 车 M30 内螺纹。

(3) 确定工件装夹方案　零件1第一次装夹,三爪自定心卡盘夹持 $\phi65$ mm 棒料,保证工件伸出卡盘长度不小于 80 mm;第二次掉头装夹,用三爪自定心卡盘夹持 $\phi60$ mm 外圆面,保证工件伸出卡盘长度不小于 58 mm,注意保护已加工面。零件2第一次装夹,三爪自定心卡盘夹持 $\phi65$ mm 棒料,保证工件伸出卡盘长度不小于 28 mm;第二次掉头装夹,用三爪自定心卡盘夹持 $\phi40$ mm 外圆面,卡盘端面顶住轴肩,注意保护已加工面。

(4) 选择刀具　零件1外轮廓面选用 90°硬质合金外圆车刀粗加工和精加工,安装于 T01 号刀位,注意掉头加工的对刀方式,第一次安装加工刀补号为

01号,第二次安装加工刀补号为11号;选择60°角外螺纹刀加工M30外螺纹,安装于T03号刀位。零件2选择外轮廓面选用90°硬质合金外圆车刀粗加工和精加工,安装于T01号刀位,注意掉头加工的对刀方式,第一次安装加工刀补号为01号,第二次安装加工刀补号为11号;ϕ10 mm中心钻钻中心孔;选择ϕ22 mm钻头安装于后座,手动钻通孔40 mm;选择一把硬质合金内孔车刀完成内圆面轮廓粗加工和精加工,安装于T02刀位,刀尖方位号2号,注意内孔车刀刀柄应小于孔径,且注意安装方位,应使刀柄平行于工件轴线;选择3 mm宽内槽刀加工内螺纹退刀槽,安装于T03号刀位;选择60°角内螺纹刀加工M30内螺纹,安装于T04号刀位。

(5) 确定切削用量　切削用量见表7.2.1。

表 7.2.1　例 43 切削用量

序号	加工面	刀具及刀补编号	刀具类型	主轴转速 $n/(r/min)$	进给量 $f/(mm/min)$
1	粗车零件1左侧轮廓	T0101	硬质合金外圆车刀	600	180
2	精车零件1左侧轮廓	T0101	硬质合金外圆车刀	1000	100
3	粗车零件1右侧轮廓	T0111	硬质合金外圆车刀	600	180
4	精车零件1右侧轮廓	T0111	硬质合金外圆车刀	1000	100
5	车M30外螺纹	T0303	60°外螺纹刀	500	按导程及转速由系统自动计算
6	粗车零件2右侧外圆面	T0101	硬质合金外圆车刀	500	180
7	精车零件2右侧外圆面	T0101	硬质合金外圆车刀	1000	100
8	钻中心孔		ϕ10 mm中心钻	1000	手动操作
9	钻ϕ22 mm孔		ϕ22 mm钻头	300	手动操作
10	粗车零件2左侧外圆面	T0111	硬质合金外圆车刀	600	180
11	精车零件2左侧外圆面	T0111	硬质合金外圆车刀	1000	100
12	粗车零件2内孔	T0202	内孔车刀	500	120
13	精车零件2内孔	T0202	内孔车刀	800	80
14	车退刀槽	T0303	3 mm宽内槽刀	400	50
15	车M30内螺纹	T0404	60°内螺纹刀	500	按导程及转速由系统自动计算

（6）制定加工工序卡　加工工序卡见表7.2.2。

表 7.2.2　例 43 工序卡

零件名称	螺纹配合件	数量	1	设备及系统		毛坯规格	
零件材料	铝	尺寸单位	mm	华中世纪星		$\phi65$ 棒料	
工序	名称	工艺要求					
1	锯切下料	$\phi65\times125$、$\phi65\times50$					
2	数控车削	工步	工步内容	刀具及刀补编号	刀具类型	主轴转速 $n/(r/min)$	进给量 $f/(mm/min)$
		1	粗车零件1左侧轮廓	T0101	硬质合金外圆车刀	600	180
		2	精车零件1左侧轮廓	T0101	硬质合金外圆车刀	1000	100
		3	粗车零件1右侧轮廓	T0111	硬质合金外圆车刀	600	180
		4	精车零件1右侧轮廓	T0111	硬质合金外圆车刀	1000	100
		5	车 M30 外螺纹	T0303	60°外螺纹刀	500	按导程及转速由系统自动计算
		6	粗车零件2右侧外圆	T0101	硬质合金外圆车刀	600	180
		7	精车零件2右侧外圆	T0101	硬质合金外圆车刀	1000	100
		8	钻中心孔		$\phi10$ mm 中心钻	1000	手动操作
		9	钻 $\phi22$ mm 孔		$\phi22$ mm 钻头	300	手动操作
		10	粗车零件2左侧外圆	T0111	硬质合金外圆车刀	600	180
		11	精车零件2左侧外圆	T0111	硬质合金外圆车刀	1000	100
		12	粗车零件2内孔	T0202	硬质合金内孔车刀	500	120

续 表

工序	名称	工艺要求				
		13	精车零件 2 内孔	T0202	内孔车刀	1000	100
		14	车退刀槽	T0303	3 mm 宽内槽刀	400	50
		15	车 M30 内螺纹	T0404	60°内螺纹刀	500	按导程及转速由系统自动计算

(7) 计算数值

① 在本例中,零件 1 的 $\phi 24_{-0.021}^{0}$ 外圆的编程尺寸 = 24 + [0+(−0.021)]/2 = 23.99,$\phi 50_{-0.025}^{0}$ 外圆的编程尺寸 = 50 + [0+(−0.025)]/2 = 49.988,$\phi 60_{-0.03}^{0}$ 外圆的编程尺寸 = 60 + [0+(−0.03)]/2 = 59.985,零件 2 的 $\phi 26_{0}^{+0.033}$ 内圆的编程尺寸 = 26 + [0.033+0]/2 = 26.017,$19_{+0.02}^{+0.10}$ 长度的编程尺寸 = 19 + [0.1+0.02]/2 = 19.06;

② 在本例中,外螺纹母体外圆直径取 29.8 mm,内螺纹母体内孔直径为内螺纹小径,即 d_1 = 28.05 mm;

③ 外螺纹和内螺纹切削的升速进刀段 δ 取 2 mm,降速退刀段 δ' 取 1 mm;

④ 外螺纹实际切削起点坐标值为(X32,Z-20),内螺纹实际切削起点坐标值为(X22,Z2);

⑤ 外螺纹切削终点的坐标值为(X28.05,Z-40.5),内螺纹切削终点的坐标值为(X29.8,Z-20)。

2. 编制加工程序

(1) 加工参考程序 程序见表 7.2.3~表 7.2.6。

表 7.2.3 例 43 零件 1 左侧轮廓加工参考程序

程序号:O0431		
程序段号	程序内容	程序说明
N10	%0431	
N20	M03 S500	

续　表

程序段号	程序内容	程序说明
N30	T0101	调用1号刀及1号刀补
N40	M08	
N50	G00 X50 Z2	
N60	G71 U2 R1 P150 Q240 X0.5 F180	
N70	G00 X100 Z100	
N80	M05	
N90	M09	
N100	M00	
N110	T0101	重新调用1号刀及1号刀补(加磨损)
N120	M03 S1000	
N130	M08	
N140	G00 X50 Z2	
N150	G01 X0 F100	精加工程序首段
N160	Z0	
N170	X239 C1	
N180	W-25	
N190	X8	
N200	X49.988 W-22	
N210	W-7	
N220	X5.985	
N230	W-12	
N240	X66	精加工程序末段,刀具离开工件
N250	G00 X100 Z100	
N250	M05	
N270	M09	
N280	M30	

表 7.2.4　例 43 零件 1 右侧轮廓及外螺纹加工参考程序

程序号:O0432

程序段号	程序内容	程序说明
N10	%0432	
N20	M03 S600	
N30	T0111	调用 1 号刀及 11 号刀补
N40	M08	
N50	G00 X65 Z2	
N60	G71 U2 R1 P150 Q260 E0.5 F180	
N70	G00 X100 Z100	
N80	M05	
N90	M09	
N100	M00	
N110	T0111	重新调用 1 号刀及 11 号刀补(加磨损)
N120	M03 S1000	
N130	M08	
N140	G00 X65 Z2	
N150	G42 G00 X0	精加工程序首段
N160	G01 Z0 F100	
N170	X26	
N180	W-22	
N190	X29.8 W-2	
N200	W-16	
N210	X27 W-1.5	
N220	W-4.5	
N230	X40	
N240	W-2	
N250	G02 X56 W-8 R8	
N260	G01 X62	精加工程序末段

续 表

程序段号	程序内容	程序说明
N270	G40 G00 X100 Z100	
N280	M05	
N290	M09	
N300	T0303	调用3号外螺纹刀及3号刀补
N310	M03 S500	
N320	M08	
N330	G00 X32 Z-20	快速定位螺纹复合循环起点
N340	G76 C2 A60 X28.05 Z-40.5 K0.975 U0.1 V0.1 Q0.7 F1.5	用螺纹复合循环指令车削螺纹
N350	G00 X100 Z100	
N360	M05	
N370	M09	
N380	M30	

表7.2.5 例43 零件2右侧外轮廓加工参考程序

程序号:O0433

程序段号	程序内容	程序说明
N10	%0433	
N20	M03 S600	
N30	T0101	调用1号刀及1号刀补
N40	M08	
N50	G00 X65 Z2	
N60	G71 U2 R1 P150 Q210 X0.5 F180	
N70	G00 X100 Z100	
N80	M05	
N90	M09	
N100	M00	
N110	T0101	重新调用1号刀及1号刀补(加磨损)

续 表

程序段号	程序内容	程序说明
N120	M03 S1000	
N130	M08	
N140	G00 X65 Z2	
N150	G00 X0	精加工程序首段
N160	G01 Z0 F100	
N170	X40	
N180	W-11	
N190	X60 R2	
N200	W-10	
N210	X66	精加工程序末段
N220	G00 X100 Z100	
N230	M05	
N240	M09	
N250	M30	

表 7.2.6 例 43 零件 2 左侧轮廓及内螺纹加工参考程序

程序号:O0434

程序段号	程序内容	程序说明
N10	%0434	
N20	M03 S600	
N30	T0111	调用 1 号刀及 11 号刀补
N40	M08	
N50	G00 X65 Z2	
N60	G71 U2 R1 P150 Q190 X0.5 F180	
N70	G00 X100 Z100	
N80	M05	
N90	M09	
N100	M00	

续　表

程序段号	程序内容	程序说明
N110	T0101	重新调用1号刀及11号刀补（加磨损）
N120	M03 S1000	
N130	M08	
N140	G00 X65 Z2	
N150	G00 X0	精加工程序首段
N160	G01 Z0 F100	
N170	X60 C2	
N180	W-25	
N190	X65	精加工程序末段
N200	G00 X100 Z100	
N210	M05	
N220	M09	
N230	T0202	调用2号内孔刀和2号刀补
N240	M03 S500	
N250	M08	
N260	G00 X18 Z2	快速定位至循环起点
N270	G71 U1.5 R1 P390 Q430 E-0.5 F120	用复合循环指令G71沿精加工路线粗车去除大余量
N280	G00 X100	
N290	Z100	
N300	M05	
N310	M09	
N320	M00	粗车结束，程序暂停，测量尺寸
N330	T0202	重新调用2号刀及2号刀补（加磨损）
N340	M03 S800	
N350	M08	
N360	G00 X18 Z2	
N370	G01 X30 F80	精加工程序首段

续 表

程序段号	程序内容	程序说明
N380	Z0	
N390	X28.05 W-1	
N400	Z-21	
N410	X26.017	
N420	Z-46	
N430	X18	精加工程序末段,刀具离开工件
N440	Z2 F200	退刀
N450	G00 X100	
N460	Z100	
N470	M05	
N480	M09	
N490	T0303	调用3号内槽刀和3号刀补
N500	M03 S400	
N510	M08	
N520	G00 X22 Z2	
N530	G01 Z-22.06 F200	
N540	X33 F50	
N550	X22	
N560	Z2 F200	
N570	G00 X100 Z100	
N580	M05	
N590	M09	
N600	T0404	调用4号内螺纹刀和4号刀补
N610	M03 S500	
N620	M08	
N630	G00 X18 Z2	定位螺纹复合循环起点
N640	G76 C2 A60 X29.8 Z-20 K0.975 U0.1 V0.1 Q0.7 F1.5	用螺纹复合循环指令车削螺纹

续 表

程序段号	程序内容	程序说明
N650	G00 X100	
N660	Z100	
N670	M05	
N680	M09	
N690	M30	

（2）程序补充说明　该零件掉头装夹对刀时要测量仔细，才能保证总长公差要求。

3. 加工实训

按第 3 章 3.4 数控车削零件自动加工一般操作流程步骤操作加工零件。

4. 参考配分表

该工件符合高级数控车工实操考核标准，配分表见表 7.2.7 所示。

表 7.2.7　螺纹配合件操配分表

工件名称		螺纹配合件		
序号	检测项目	考核内容	配分	得分
1	外圆	$\phi 50_{-0.025}^{0}$	超差 0.01 扣 1 分	10	
2	外圆	$\phi 60_{-0.03}^{0}$	超差 0.01 扣 1 分	10	
3	外圆	$\phi 24_{-0.021}^{0}$	超差 0.01 扣 1 分	10	
4	内孔	$\phi 26_{0}^{+0.03}$	超差 0.01 扣 1 分	10	
5	长度	45 ± 0.03	超差 0.02 扣 1 分	8	
6	长度	$19_{+0.02}^{+0.1}$	超差 0.02 扣 1 分	5	
7	长度	$11_{-0.05}^{0}$	超差 0.02 扣 1 分	8	
8	螺纹	$M30 \times 1.5$	通止规超差不得分	10	
9	螺纹配合		配合存在间隙扣 5 分 无法配合不得分	10	
	圆角、倒角	R2、R3、C1、C2	每处 1 分，共 7 处	7	
	粗糙度	Ra3.2、Ra1.6	Ra3.2 每处 2 分，共 2 处 Ra1.6 每处 4 分，共 2 处	12	
合计					

7.3 曲面配合件加工训练

例44 曲面配合件加工实训

编程加工如图7.3.1所示曲面配合件，材料为铝，毛坯1尺寸 $\phi45\times95$，毛坯2尺寸 $\phi45\times50$。

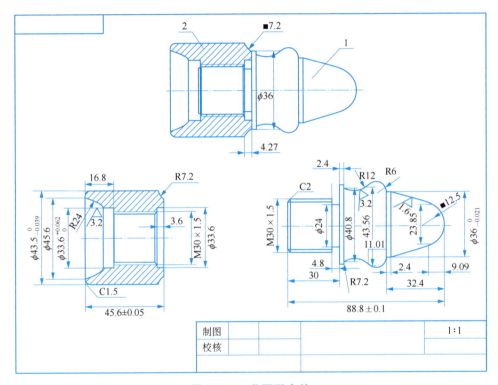

图7.3.1 曲面配合件

1. 制定零件加工工艺规程

（1）分析零件 该工件为曲线、螺纹配合件。零件1为轴类零件，复合了外圆柱、外圆锥、圆弧和外螺纹等形状，加工时需保证精度要求，且需合理安排工序，掉头装夹加工；零件2为套类零件，重点加工内孔和内螺纹，要保证螺纹配合紧密，同时要保证R7.2圆弧面配合精度。该配合件应先加工零件 1 左侧外螺纹部分,再加工零件 2,最后将螺纹配合起来加工零件 1 右侧轮廓及 R7.2 圆弧。

(2) 确定加工工艺路线

① 粗车零件 1 左侧轮廓,直径留 0.5 mm 精车余量。

② 精车零件 1 左侧轮廓至尺寸要求。

③ 车外退刀槽。

④ 车 M30 外螺纹。

⑤ 粗车零件 2 左侧外圆面,直径留 0.5 mm 精车余量。

⑥ 精车零件 2 左侧外圆面至尺寸要求。

⑦ 钻中心孔与 ϕ25 mm 通孔。

⑧ 粗车零件 2 内孔,直径留 0.5 mm 精车余量。

⑨ 精车零件 2 内孔至尺寸要求。

⑩ 掉头装夹精车 ϕ33.6 mm 内圆面。

⑪ 车 M30 内螺纹。

⑫ 螺纹配合粗车零件 1 右侧外轮廓及 R7.2 圆弧。

⑬ 螺纹配合精车零件 1 右侧外轮廓及 R7.2 圆弧。

(3) 确定工件装夹方案　零件 1 第一次装夹,三爪自定心卡盘夹持 ϕ45 mm 棒料,保证工件伸出卡盘长度不小于 40 mm。零件 2 第一次装夹,三爪自定心卡盘夹持 ϕ45 mm 棒料,保证工件伸出卡盘长度不小于 30 mm;第二次掉头装夹,用三爪自定心卡盘夹持 ϕ43.5 mm 外圆面,保证工件伸出卡盘长度不小于 25 mm,注意保护已加工面。

(4) 选择刀具　零件 1 左侧轮廓面选用 90°硬质合金外圆车刀粗加工和精加工,安装于 T01 号刀位;选择 3 mm 外槽刀加工退刀槽,安装于 T02 号刀位;选择 60°角外螺纹刀加工 M30 外螺纹,安装于 T03 号刀位。零件 2 左侧外轮廓面选用 90°硬质合金外圆车刀粗加工和精加工,安装于 T01 号刀位;选择 ϕ10 mm 中心钻钻中心孔;选择 ϕ22 mm 钻头安装于后座,手动钻通孔;选择一把硬质合金内孔车刀完成内圆面轮廓粗加工和精加工,安装于 T03 刀位,刀尖方位号为 2 号,注意内孔车刀刀柄应小于孔径,且注意安装方位,应使刀柄平行于工件轴线。零件 2 掉头装夹后选择硬质合金内孔车刀完成

ϕ33.6 mm 内圆加工,安装于 T03 号刀位,刀补号为 13 号;选择 60°角内螺纹车刀加工 M30 内螺纹,安装于 T02 号刀位;螺纹配合后,选用 90°硬质合金外圆车刀粗加工和精加工零件 1 右侧外轮廓及 R7.2 圆弧,安装于 T01 号刀位,刀补号为 11 号。

(5) 确定切削用量 切削用量见表 7.3.1。

表 7.3.1 例 44 切削用量

序号	加工面	刀具及刀补号	刀具类型	主轴转速 $n/(\text{r/min})$	进给量 $f/(\text{mm/min})$
1	粗车零件 1 左侧轮廓	T0101	硬质合金外圆车刀	600	180
2	精车零件 1 左侧轮廓	T0101	硬质合金外圆车刀	1000	100
3	车外退刀槽	T0202	3 mm 宽外槽刀	400	50
4	车 M30 外螺纹	T0303	60°外螺纹刀	500	按导程及转速由系统自动计算
5	粗车零件 2 左侧外圆面	T0101	硬质合金外圆车刀	600	180
6	精车零件 2 左侧外圆面	T0101	硬质合金外圆车刀	1000	100
7	钻中心孔		ϕ10 mm 中心钻	1000	手动操作
8	钻 ϕ25 mm 孔		ϕ25 mm 钻头	300	手动操作
9	粗车零件 2 内孔	T0303	内孔车刀	500	120
10	精车零件 2 内孔	T0303	内孔车刀	800	80
11	精车 ϕ33.6 mm 内圆面	T0313	内孔车刀	800	80
12	车 M30 内螺纹	T0202	60°内螺纹刀	500	按导程及转速由系统自动计算
13	螺纹配合粗车零件 1 右侧外轮廓及 R7.2 圆弧	T0111	硬质合金外圆车刀	600	180
14	螺纹配合精车零件 1 右侧外轮廓及 R7.2 圆弧	T0111	硬质合金外圆车刀	1000	100

(6) 制定加工工序卡 加工工序卡见表 7.3.2。

表 7.3.2　例 44 工序卡

零件名称	曲面配合件	数量	1		设备及系统		毛坯规格	
零件材料	铝	尺寸单位	mm		华中世纪星		φ45 棒料	
工序	名称				工艺要求			
1	锯切下料				φ45×95、φ45×50			
2	数控车削	工步	工步内容	刀具及刀补编号	刀具类型	主轴转速 $n/(r/min)$	进给量 $f/(mm/min)$	
		1	粗车零件 1 左侧轮廓	T0101	硬质合金外圆车刀	600	180	
		2	精车零件 1 左侧轮廓	T0101	硬质合金外圆车刀	1000	100	
		3	车外退刀槽	T0202	3 mm 宽外槽刀	400	50	
		4	车 M30 外螺纹	T0303	60°外螺纹刀	500	按导程及转速由系统自动计算	
		5	粗车零件 2 左侧外圆	T0101	硬质合金外圆车刀	600	180	
		6	精车零件 2 左侧外圆	T0101	硬质合金外圆车刀	1000	100	
		7	钻中心孔		φ10 mm 中心钻	1000	手动操作	
		8	钻 φ25 mm 孔		φ25 mm 钻头	300	手动操作	
		9	粗车零件 2 内孔	T0303	硬质合金内孔车刀	500	120	
		10	精车零件 2 内孔	T0303	硬质合金内孔车刀	800	80	
		11	精车 φ33.6 mm 内圆面	T0313	硬质合金内孔车刀	800	80	
		12	车 M30 内螺纹	T0202	60°内螺纹刀	500	按导程及转速由系统自动计算	

续表

| | 13 | 螺纹配合粗车零件1右侧外轮廓及R7.2圆弧 | T0111 | 硬质合金外圆车刀 | 600 | 180 |
| | 14 | 螺纹配合精车零件1右侧外轮廓及R7.2圆弧 | T0111 | 硬质合金外圆车刀 | 1000 | 100 |

(7) 计算数值

① 零件1的 $\phi 36_{-0.021}^{0}$ 外圆的编程尺寸 $= 36+[0+(-0.021)]/2 = 35.99$；零件2的 $\phi 33.6_{0}^{+0.062}$ 内圆的编程尺寸 $= 33.6+(0.062+0)/2 = 26.031$，$\phi 43.5_{-0.039}^{0}$ 外圆的编程尺寸 $= 43.5+[0+(-0.039)]/2 = 43.48$。

② 外螺纹母体外圆直径取 29.8 mm，内螺纹母体内孔直径为内螺纹小径，即 $d_1 = 28.05$ mm。

③ 外螺纹和内螺纹切削的升速进刀段 δ 取 2 mm，降速退刀段 δ' 取 1 mm。

④ 外螺纹实际切削起点坐标值为(X32，Z2)，内螺纹实际切削起点坐标值为(X25，Z-2)。

⑤ 外螺纹切削终点的坐标值为(X28.05，Z-26.2)，内螺纹切削终点的坐标值为(X29.8，Z-30)。

2. 编制加工程序

(1) 加工参考程序　程序见表 7.3.3～7.3.6。

表 7.3.3　例 44 零件 1 左侧轮廓及外螺纹加工参考程序

程序号：O0441		
程序段号	程序内容	程序说明
N10	%0441	
N20	M03 S600	
N30	T0101	调用1号刀及1号刀补
N40	M08	
N50	G00 X45 Z2	

续 表

程序段号	程序内容	程序说明
N60	G71 U2 R1 P150 Q210 X0.5 F180	
N70	G00 X100 Z100	
N80	M05	
N90	M09	
N100	M00	
N110	T0101	重新调用1号刀及1号刀补(加磨损)
N120	M03 S1000	
N130	M08	
N140	G00 X45 Z2	
N150	G00 X0	精加工程序首段
N160	G01 Z0 F100	
N170	X23.8 C2	
N180	Z-30	
N190	X37	
N200	W-5	
N210	X46	精加工程序末段
N220	G00 X100 Z100	
N230	M05	
N240	M09	
N250	T0202	调用2号外槽刀及2号刀补
N260	M03 S400	
N270	M08	
N280	G00 X32 Z-28.2	
N290	G01 X24 F50	
N300	X38	
N310	Z-30	
N320	X24	

续 表

程序段号	程序内容	程序说明
N330	X32	
N340	G00 X100 Z100	
N350	M05	
N360	M09	
N370	T0303	调用3号外螺纹刀及3号刀补
N380	M03 S500	
N390	M08	
N400	G00 X32 Z2	快速定位螺纹复合循环起点
N410	G76 C2 A60 X28.05 Z-26.2 K0.975 U0.1 V0.1 Q0.7 F1.5	用螺纹复合循环指令车削螺纹
N420	G00 X100 Z100	
N430	M05	
N440	M09	
N450	M30	

表 7.3.4 例 44 零件 2 左侧外圆面及内轮廓加工参考程序

程序号：O0442

程序段号	程序内容	程序说明
N10	%0442	
N20	M03 S600	
N30	T0101	调用1号刀及1号刀补
N40	M08	
N50	G00 X45 Z2	
N60	G00 X0	
N70	G01 Z0 F180	
N80	X44 C1.75	
N90	Z-25	
N100	X46	

续 表

程序段号	程序内容	程序说明
N110	G00 X100 Z100	
N120	M05	
N130	M09	
N140	M00	暂停测量
N150	T0101	重新调用1号刀及1号刀补（加磨损）
N160	M03 S1000	
N170	M08	
N180	G01 X43.48 Z2 F100	
N190	Z-25	
N200	X46	
N210	G00 X100 Z100	
N220	M05	
N230	M09	
N240	M00	暂停钻孔
N250	T0303	调用3号内孔刀和3号刀补
N260	M03 S500	
N270	M08	
N280	G00 X22 Z2	快速定位至循环起点
N290	G71 U1.5 R1 P390 Q430 X-0.5 F120	用复合循环指令G71沿精加工路线粗车去除大余量
N300	G00 X100	
N310	Z100	
N320	M05	
N330	M09	
N340	M00	粗车结束，程序暂停，测量尺寸
N350	T0303	重新调用3号刀及3号刀补（加磨损）
N360	M03 S800	

续表

程序段号	程序内容	程序说明
N370	M08	
N380	G00 X18 Z2	
N390	G01 X45.6 F80	精加工程序首段
N400	Z0	
N410	G03 X33.6 Z-10.39 R24	
N420	G01 X33.031	
N430	Z-16.8	
N440	X28.05	
N450	Z-46	
N460	X18	精加工程序末段,刀具离开工件
N470	Z2 F200	退刀
N480	G00 X100	
N490	Z100	
N500	M05	
N510	M09	
N520	M30	

表 7.3.5 例 44 零件 2 右侧内圆及内螺纹加工参考程序

程序号:O0443

N10	%0443	
N20	M03 S800	
N30	T0313	调用 3 号内孔刀及 13 号刀补
N40	M08	
N50	G00 X25 Z2	
N60	G01 X33.6 F80	
N70	Z-3.5	
N80	X30	

续　表

N90	X26 W-2	
N100	X25	
N110	Z2	
N120	G00 X100 Z100	
N130	M05	
N140	M09	
N150	T0202	调用 2 号内螺纹刀和 2 号刀补
N160	M03 S80	
N170	M08	
N180	G00 X25 Z2	
N190	G01 Z-2	定位螺纹复合循环起点
N200	G76 C2 A60 X29.8 Z-30 K0.975 U0.1 V0.1 Q0.7 F1.5	用螺纹复合循环指令车削螺纹
N210	G01 Z2	
N220	G00 X100	
N230	Z100	
N240	M05	
N250	M09	
N260	M30	

表 7.3.6　例 44 零件 1 右侧外轮廓及 R7.2 加工参考程序

程序号:O0444		
程序段号	程序内容	程序说明
N10	%0444	
N20	M03 S600	
N30	T0111	调用 1 号刀及 11 号刀补
N40	M08	
N50	G00 X45 Z2	
N60	G71 U2 R1 P150 Q230 E0.5 F180	

续表

程序段号	程序内容	程序说明
N70	G00 X100 Z100	
N80	M05	
N90	M09	
N100	M00	
N110	T0111	重新调用1号刀及11号刀补(加磨损)
N120	M03 S1000	
N130	M08	
N140	G00 X45 Z2	
N150	G42 G00 X-1	精加工程序首段
N160	G01 Z0 F100	
N170	X0	
N180	G03 X23.85 Z-9.09 R12.5	
N190	G01 X35.99 Z-30	
N200	W-2.4	
N210	G03 X43.56 W-11.01 R6	
N220	G02 X43.5 W-66.7 R7.2	
N230	G01 X46	精加工程序末段
N240	G00 X100 Z100	
N250	M05	
N260	M09	
N270	M30	

（2）程序补充说明　该工件配合曲面R7.2圆弧面,必须内、外螺纹配合后整体车削,才能保证曲面配合精度。

3. 加工实训

按第3章3.4数控车削零件自动加工一般操作流程步骤操作加工零件。

4. 参考配分表

该工件符合高级数控车工实操考核标准,配分表见表7.3.7所示,可按此表考核学员。

表 7.3.7 曲面配合件实操配分表

序号	检测项目	考核内容		配分	得分
1	外圆	$\phi 43_{-0.039}^{0}$	超差 0.01 扣 1 分	12	
2	内孔	$\phi 28_{0}^{+0.052}$	超差 0.01 扣 1 分	12	
3	长度	38 ± 0.05	超差 0.02 扣 1 分	10	
4	长度	74 ± 0.1	超差 0.05 扣 1 分	8	
5	螺纹	M24×1.5	通止规超差不得分	10	
6	外圆	$\phi 30_{-0.021}^{0}$	超差 0.01 扣 1 分	10	
7	配合圆角	R6	圆弧过渡平稳无阶梯	20	
8	螺纹配合		螺纹间隙大扣 5 分 无法配合不得分	8	
9	圆角、倒角	C1.5、C2	每处 2 分,共 2 处	4	
10	粗糙度	Ra3.2、Ra1.6	每处 2 分,共 3 处	6	
合　计					

第 8 章

数控加工仿真软件应用

8.1 数控加工仿真软件 VNUC 简介

VNUC 是北京市斐克科技有限公司开发的一款数控加工仿真和教学系统，融合了三维实体造型与真实图形显示技术、虚拟现实技术，能生动仿真机床加工的操作细节，各种功能的操作接近真实效果，实现了数控机床操作仿真、数控系统仿真、教学仿真等多种功能。

VNUC 是目前国内唯一经劳动和社会保障部评审认定，集成数控技能培训远程教学与考试系统的数控仿真加工软件，是国家高技能人才培训工程推荐使用软件，也是全国数控技能大赛的唯一指定软件。

VNUC 软件集成了国内外大部分数控系统，如 3 大主要系统 Fanuc 数控系统、西门子数控系统、华中数控系统，还包括广州数控、阿贝尔信浓 ASINA Series 205-T CNC 数控等其他一些数控系统。在各系统中，又分分车、铣、加工中心 3 种系统型号。

VNUC 软件功能强大、使用简便。软件支持所有 G 代码编程，包括循环、直线差补、圆弧差补、子程序调用、宏程序、变量编程等，支持所有 CAD/CAM 系统生成的标准化 G 代码，如 CAXA 制造工程师、Pro/E、Cimtron、UG 等。软件刀具库中除提供一些自带的刀具之外，还可以根据加工的需要由用户设定刀具的参数。软件支持多种装夹方式和专用部件，提供夹具包括虎钳、压板、工艺板、三抓卡盘等,提供灵活直观、清晰精确的基准对刀和测量功能。软件中设置了跟真实数控机床类似的报警功能,对程序语法错误、撞刀等误操作均能报警。

在教学培训过程中,VNUC 软件可实现教师机与学员机同步,学员可以在学员机屏幕上观看教师演示。在学生操作过程中,VNUC 软件可以把学员的操作过程全程记录下来,作为检查和评分的依据。

8.2 数控加工仿真软件 VNUC 基本操作

8.2.1 启动、关闭网络版软件

(1)打开网络版客户端软件 在电脑开始菜单处,点击"LegalSoft"文件夹,选择"服务器设置"图标,系统将弹出设置本地服务器 IP 对话框,输入正确的 IP 地址完成设置,点击"VNUC5 网络版"图标即可打开软件,如图 8.2.1 所示。

图 8.2.1　打开网络版客户端软件

(2)关闭网络版客户端软件

① 点击 VNUC 系统主菜单"文件"项下面的"退出",或点击右侧关闭按钮 ；

② 弹出提示框,询问是否退出,按【确定】就可退出当前数控系统。

退出 VNUC 系统时,系统会记住用户当前使用的机床和数控系统,下次登录后显示上次退出前的系统。

8.2.2 管理项目

(1) 新建项目

① 单击菜单栏"文件"→"新建项目",系统即建立一个新项目。在5.0之前的版本中,"新建项目"菜单命令与其他菜单命令不同,当用户点击该菜单时,系统不会弹出对话框或作其他信息提示,主窗口中看不到任何表现,但是该命令已经执行,新的项目已经自动建立了。在5.0及之后的版本中,点击新建项目时,系统会提示"是否新建项目"。选择【确定】时,系统将完成新建,此时之前所有操作清零,如道具、毛坯等需要重新建立。

(2) 保存项目

① 单击"文件"→"保存项目"。

② 弹出"另存为"对话框,如图8.2.2所示,在对话框中选择要保存项目文件的文件夹和路径,在文件名栏输入项目名称。为方便管理多个项目文件,用户可以在电脑上建立一个统一的文件夹,以后所有的项目文件都保存在它下面。

③ 点【保存】按钮保存。

图8.2.2 保存项目对话框

（3）打开项目

① 单击菜单栏"文件"→"打开项目"。

② 弹出"打开"对话框,如图 8.2.3 所示,在对话框中选择保存项目文件的文件夹和文件。

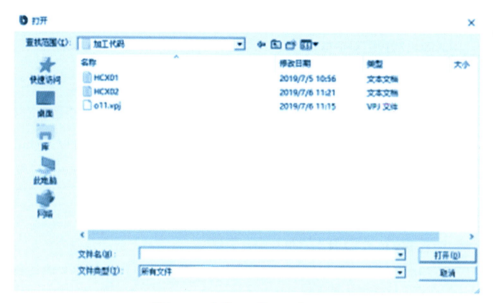

图 8.2.3　加载 NC 代码文件对话框

③ 点【打开】按钮。

如果打开的是一个已经完成加工工序的项目,则主窗口中毛坯已经安装并装夹完毕,工件坐标原点已设好,数控程序已导入。此时,只须打开机械面板,按下开关键即可加工。如果打开的是一个未完的项目,则此时的主窗口内将显示上一次保存项目时的样子。

8.2.3　管理 NC 代码文件

（1）保存 NC 代码文件

① 点击菜单栏"文件"→"保存 NC 代码文件"。

② 弹出"另存为"对话框,在对话框中选择要存放的文件夹和路径,在文件名栏输入代码名称。

③ 点击【保存】按钮保存。

> **注意** NC 代码须以 TXT 文件格式保存。

(2) 加载 NC 代码文件

① 点击菜单栏"文件"→"加载 NC 代码文件"。

② 弹出"打开"对话框,在对话框中选择保存零件的文件夹和文件。

③ 点【打开】按钮。

8.2.4 管理零件

在加工操作中,如果操作进行了一部分,因故不能继续加工,可以通过保存零件功能,将零件保存在专门的文件夹里,再次加工时将其调出加载,继续加工。

(1) 保存零件数据

① 点击菜单栏"文件"→"保存零件数据"。

② 弹出"另存为"对话框,在对话框中选择要存放零件文件的文件夹和路径,在文件名栏输入项目的名称。为方便管理电脑中保存的零件,用户可以事先建立一个专门存放零件的文件夹。

③ 点【保存】按钮保存。

(2) 加载零件数据

① 点击菜单栏"文件"→"加载零件数据"。

② 弹出"打开"对话框,在对话框中选择相应文件夹中需要加载的文件。

③ 点【打开】按钮。

上述操作不仅可以通过菜单栏完成,也可以通过工具栏中的快捷按钮完成,如图 8.2.4 所示。

图 8.2.4　工具栏快捷按钮

8.2.5 设置系统

1. 选择机床和数控系统

点击主菜单"选项"下的子菜单"选择机床和系统",弹出设置窗口,在该窗口中选择机床和系统。例如,要使用"华中世纪星型"车床,操作步骤如下。

① 点击主菜单"选项"下的"选择机床和系统"。

② 在弹出窗口中,"机床类型"一栏为下拉菜单,从下拉菜单中选中"卧式车床"项。选择机床一栏选取"NEW840前置立式刀塔"机床,与实际机床样式相同,并带有尾座钻孔功能,如图8.2.5所示。

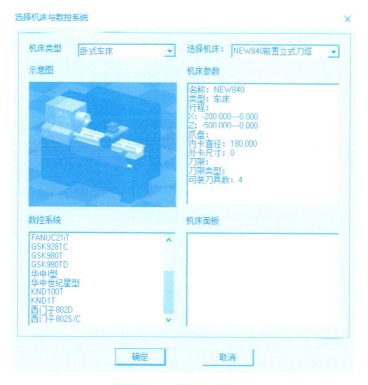

图 8.2.5 选择机床窗口

③ 卧式车床列表会显示在窗口左下方的"数控系统"列表里,点击选中"华中世纪星型"。右边机床参数栏里显示的是选中机床的有关参数,右下角

为"机床面板类型",选取带"手轮"功能的面板,有助于后期对刀操作,如图8.2.6所示。

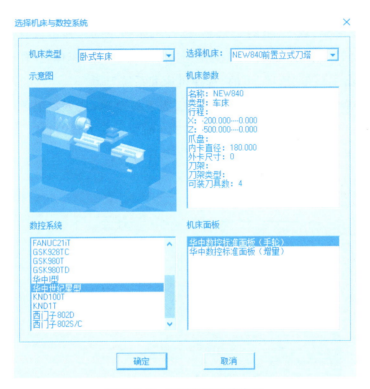

图8.2.6　选择数控系统窗口

④ 点【确定】完成设置,操作界面如图8.2.7所示,左侧的为卧式机床显示区,右侧为机床系统与控制面板显示区。

2. 系统参数设置

点击主菜单"选项"下的"参数设置",会弹出参数设置窗口,用户可以在这里设置程序运行倍率,打开或关闭加工声音等。

在"核心速度"页可以设置"用户加工倍率",如图8.2.8所示,可以任意设置倍率值。所设置的数值即加工的倍数,如用户加工倍率为15,加工中进给速度F＝100,那么模拟时,加工速度为1500。如果电脑硬件配置不是很高,建议不要设10以上的值,以免造成死机或出现其他运行故障。完成设定

第 8 章 数控加工仿真软件应用

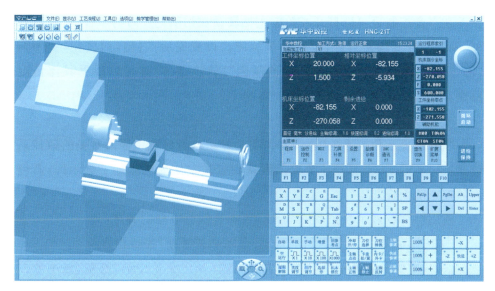

图 8.2.7 操作界面

后,点【确认】,窗口自动关闭。设置程序运行倍率可以加快毛坯的加工时间,在加工一些大型的、复杂的零件时,可以大大节省等待的时间。用户可以在加工前以及加工过程中随时修改运行倍率。

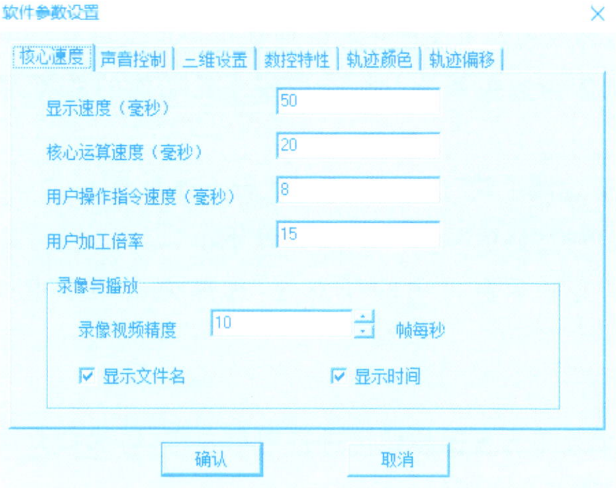

图 8.2.8 核心速度参数设置窗口

在声音控制页可以打开或关闭主抽转动和切削毛坯时的声音。"声音开关"项前面打上钩是打开,没有钩是关闭。设置完后点【确定】按钮,关闭窗口。其他选项,如"三维设置""轨迹颜色""轨迹偏移"等可以根据具体情况修改。

3. 隐藏和显示数控系统

"隐藏/显示数控系统"选项的作用是显示或者隐藏主界面右侧的数控系统面板。VNUC5.0系统主界面的默认设置是左侧为机床加工显示区,右侧为数控系统面板。

使用"隐藏/显示数控系统"选项,可选择执行下列两者之一。

① 选择菜单栏"显示"下的"隐藏/显示数控系统"完成设置。

② 右键单击显示窗口中的任意处,选择弹出菜单中的"隐藏/显示数控系统"完成设置。

当前数控系统面板可见时,使用这个命令可以隐藏面板;数控系统不可见时,使用这个命令则显示面板。

4. 隐藏和显示手轮

"显示/隐藏手轮"用于打开或关闭手轮。在默认状态下,手轮是不显示的,需要使用手轮时,可使用该命令使手轮出现在机床显示区右下方。不用时,点击一下该命令项即可关闭手轮。而在华中世纪星型机床中,调用手轮必须在"选择机床与数控系统"时,选取带手轮功能的系统,否则手轮无法显示。

使用"显示/隐藏手轮"选项,可选择执行下列两者之一。

① 选择菜单栏"显示"下的"显示/隐藏手轮"。

② 右键单击显示窗口中的任意处,选择弹出菜单中的"显示/隐藏手轮"。

5. 界面视图设置

激活主界面左下方视图按钮可进行图形锁房、局部扩大、旋转机床和移动机床操作,如图8.2.9所示。

(a) 图形缩放按钮　　　(b) 局部扩大按钮　　　(c) 旋转机床按钮　　　(d) 移动机床按钮

图 8.2.9　界面视图设置

(1) 图形缩放　选中该按钮后,图标会由灰色转成彩色。将光标移到机床上任意处,按下鼠标左键,轻轻拖动鼠标,图形将随之放大与缩小;将鼠标放置与左侧显示区,滚动鼠标中键完成图形的缩放。

(2) 局部扩大　选中该按钮后,图标会由灰色转成彩色。将光标移到机床上需要放大的部位,左键框选此所需要放大的部位。此时,该部位周围出现一个方框。鼠标拖动得越远,方框越大,该区域也就越大。

(3) 旋转机床　选中该按钮后,图标会由灰色转成彩色。将光标移到机床上任意处,按下鼠标左键,按住并向目的方向拖动鼠标,至满意位置时松开鼠标。

(4) 移动机床　选中该按钮后,图标会由灰色转成彩色。将光标移到机床上任意处,按下鼠标左键,按住并向目的方向拖动鼠标,机床会随鼠标移动,至满意位置时松开鼠标。

(5) 机床显示复位　显示复位就是将机床图像设置为初始大小和原始位置。无论当前机床图像放大或缩小了多少、方向位置如何调整,只要点击"显示复位"选项,都可使机床的大小、方向恢复到初始状态,也就是刚进入系统时的样子。如图 8.2.10 所示,(a)为当前的机床,(b)为执行"显示复位"操作后。

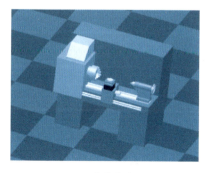 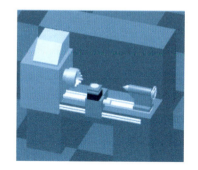

(a) 当前状态　　　　　　　　　　　(b) 复位后

图 8.2.10　机床显示复位前后的对比图

选择执行下列两者之一可完成复位。

① 单击菜单栏"显示"→"显示复位"。

② 将光标移到机床上任意位置,然后点击鼠标右键,在弹出的右键菜单中选择"显示复位"。

6. 机床视图设置

(1) 俯视 如图 8.2.11 所示,俯视是从上向下俯瞰机床,着重显示和放大工件部分,以方便工件装夹与对刀等操作。

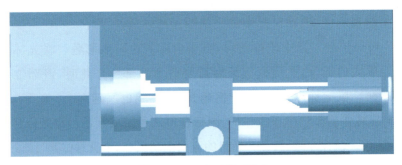

图 8.2.11 机床俯视图

选择执行下列两者之一可完成机床俯视设置。

① 单击菜单栏"显示"→"俯视图"。

② 将光标移到机床任意位置,然后点击鼠标右键,在弹出的右键菜单中选择"俯视图"。

(2) 透明显示 使用"透明显示"选项,可使机床变为透明,突出显示零件,如图 8.2.12 所示。

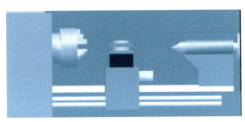 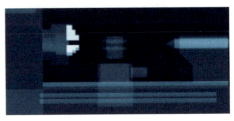

(a) 正常显示　　　　　　　　　　(b) 透明显示

图 8.2.12 透明显示对比图

使用"透明显示"选项,可选择执行下列两者之一设置。

① 通过选择菜单栏"显示"下的"透明显示"完成透明设置。

② 右键单击显示窗口中的任意处,选择弹出菜单中的"透明显示"完成设置。

取消透明显示时,只要再选择一次"透明显示",就可以切换至正常模式,恢复机床显示。

(3) 零件显示　使用"零件显示"选项,可使主窗口中看不到机床,突出显示零件,如图 8.2.13 所示。

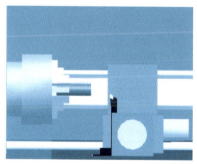

(a) 正常显示　　　　　　　　(b) 零件显示

图 8.2.13　零件显示对比图

使用"零件显示"选项,可选择执行下列两者之一完成设置。

① 选择菜单栏"显示"下的"零件显示"。

② 右键单击显示窗口中的任意处,选择弹出菜单中的"零件显示"。

再次选择该命令,取消前面一次的操作,即可恢复显示机床。

(3) 其他显示　在显示区域中,还可以用到 1/4 剖面显示、1/2 剖面显示和网格显示,如图 8.2.14 所示。

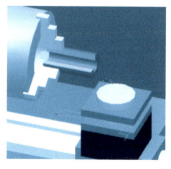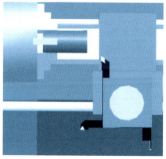

(a) 全部显示　　　　　　　　(b) 1/4 显示

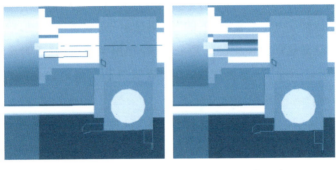

(c) 1/2 显示　　　　　　　　(d) 网格显示

图 8.2.14　其他显示图

7. 刀具设置

(1) 打开刀具库　当进入数控车床系统后,点击主界面菜单栏"工艺流程"下的"车刀刀库"项,就可以打开车床的刀具库,如图 8.2.15 所示。

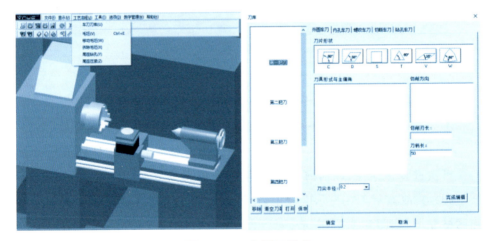

图 8.2.15　打开刀具库

由于刀架为 4 工位转塔刀架,所以最多可建立 4 把刀。建立的刀具文件可以保存到电脑上,以后可以随时导入刀具库。

(2) 建立和安装新刀具

① 如图 8.2.16 所示,在刀具列表中选择一种刀具类型。系统预设了 5 种类型刀具:外园车刀、内孔车刀、螺纹车刀、切断车刀、钻孔车刀。

② 窗口显示该类型刀具的具体参数,根据加工工艺需要设定。

③ 完成设置后,点击【完成编辑】按钮,刀具列表中即出现新建立的刀具。

④ 重复上述操作,直至完成所需刀具的建立。

⑤ 按刀具库窗口下方的【确定】按钮,窗口自动关闭,同时,车床的刀架上出现新建立的刀具。

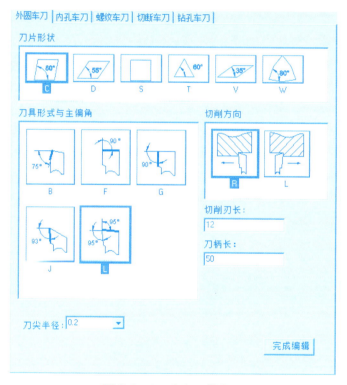

图 8.2.16　建立刀具窗口

(3) 移除刀具　在刀具列表中点击选中欲移除的刀,点击【移除】按钮,该刀具即从刀具列表中消失。点击刀具库窗口下方的【确定】键,窗口自动关闭,同时刀架上该把刀的刀位空出。

(4) 保存刀具文件　刀具列表中点击选中欲保存的刀,点击【保存】,弹出"另存为"对话框,选择存放路径,输入刀具名称,然后点击【保存】按钮将其保存在电脑中。点击【确定】按钮关闭窗口。

(5) 装载刀具文件　刀具列表中点击一把空刀,点击"打开",弹出"打开"对话框中,选择刀具存放的文件夹,点击刀具文件,将其打开。点击【确定】按钮关闭窗口。

8. 毛坯设置

(1) 打开毛坯库　进入数控车床系统后,点击主界面菜单栏"工艺流程"下的"毛坯"项,就可以打开车床的毛坯库,如图 8.2.17 所示。

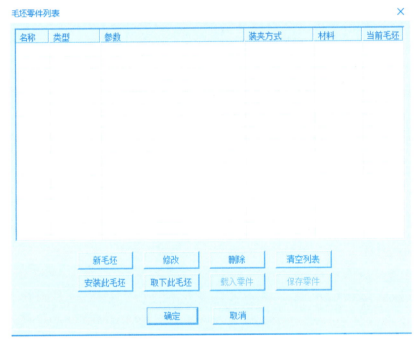

图 8.2.17　打开毛坯库窗口

毛坯库窗口上方为毛坯列表,包含所建毛坯属性、参数等;下方的各个按键用于建立新毛坯,建立的新毛坯都会自动添加到列表中。毛坯列表中的毛坯可以安装到机床上,也可以修改某些属性或将其删除等。在退出当前使用的数控系统后,毛坯列表会自动清空。

(2) 建立新毛坯　点击窗口中的"新毛坯"按钮,弹出车床毛坯设置窗口,如图 8.2.18 所示。在窗口左侧设置毛坯的有关参数,右侧窗口可查看设置的情况。

图 8.2.18 毛坯设置窗口

在"名称"这一项设置毛坯名称,系统默认的名称是"毛坯 1",可根据建立的毛坯数量命名为毛坯 1、毛坯 2、……,也可使用其他名称,如直径 $\phi 30$、$\phi 50$ 等。在"类型"下拉菜单中可以选择圆柱型或通孔型;在"外径""内径""长度"3 个栏里分别输入毛坯的尺寸,尺寸单位为 mm;在"材料"后的下拉单里选择所需材料,可供选择的毛坯材料有低碳钢、铝、铜等 9 种;在"夹具"下拉单里选择夹具三爪卡盘。按【确定】关闭毛坯窗口,返回毛坯库窗口。

在毛坯库的毛坯列表中出现了方才建立的毛坯。重复上述操作,可以在毛坯列表中建立多个毛坯。但是,这里建立的毛坯不能永久保存,一旦退出系统,毛坯列表就会自动清空。

(3) 安装毛坯　选中毛坯列表中要安装的毛坯,点击【安装此毛坯】,点击【确认】关闭毛坯库窗口。此时,系统中弹出"调节车床毛坯"窗口,如图 8.2.19 所示。点击

图 8.2.19 "调节车床毛坯"窗口

【向左】【向右】按钮,可以调整毛坯和三爪卡盘的相对位置。点击【调头】,系统会自动将毛坯调头,以便加工毛坯的另一端。调整完毕后,点【关闭】,完成装夹。

(4) 删除毛坯 在毛坯库的毛坯列表中选中要删除的毛坯,点击【删除】按钮,弹出提示框问是否删除该毛坯,点【确定】,该毛坯从毛坯列表中消失。

(5) 移动毛坯 点击主界面菜单栏"工艺流程"下的"移动毛坯"项,出现"调整车床毛坯"对话框,点击【向左】【向右】,可以调整毛坯和夹具的相对位置。如需调头加工零件另一端,可点击【调头】键完成装夹,为后续加工做好准备。调整完毕后,点【关闭】。

8.2.6 数控车床的基本操作

工件的加工程序编制完成后,就可操作机床加工了。

1. 打开机床和数控系统

进入 VNUC5.0 系统后,使用主菜单"选项"下的"选择机床和系统",在弹出的窗口中选择机床和系统。

首先选择"机床类型"为卧式车床,然后从系统提供的车床列表中选择车床型号与数控系统等。确定后窗口关闭,系统主界面会显示机床和数控系统。此时,机床处于"急停"状态,任何动作无法操作。

2. 机床操作

通过面板手动操作,可完成进给运动、主轴旋转、刀具转位等动作。机床一般包含"自动""单段""手动""增量""回参考点"5 种状态。

(1) 回参考点 选定系统后,必须先返回参考点。但是,由于仍处于"急停"状态,所以要先按"急停"键解锁机床。操作步骤一般如下。

① 按下机床操作面板上的【急停】键。

② 点击【回参考点】按钮,依次按下[＋X][＋Z]按键,使各轴自动返回机床零点,为确保移动过程中不出现碰撞现象,需先按下[＋X]按键,再选择[＋Z]按键。

(2) 手动进给 当手动调整机床或者要求刀具快速移动接近或离开工件时,都可以选择手动进给方式。手动进给分为连续进给和点动进给,两者的区别是:在连续进给状态下,按下坐标进给键,进给部件连续移动,直到松开坐标进给键为止;在点动状态下,每按一次坐标进给键,进给部件只移动一个预先设定的距离。

(3) 手轮操作　在显示区任意位置右击鼠标,弹出选项框,选择"显示/隐藏"手轮,进入手轮操作模式,如图 8.2.20 所示。打开手轮面板,可以拖动手轮的 4 个角,移动位置。手轮左上角为倍率选项,右上角为方向选择,下面转轮为当前倍率下的移动量。倍率转换、方向改变、移动量的调整分别通过鼠标左右键来完成,左键为逆时针调整,右键为顺时针调整。

图 8.2.20　打开手轮操作模式

(4) 主轴操作　在手动、点动状态下,可设置主轴转速,启动主轴正、反转和停止。

(5) 刀架转位　对于有自动换刀装置的数控车床,可通过程序指令使刀架自动转位,也可通过机床操作面板上的手动换刀来更换刀具。在"手动"方式下,点击【刀位选择】按钮至所需转换的刀位,再点击【刀位转换】按钮即可完成刀具转换。

3. 加工零件

(1) 程序的加载和修改　如果工件的加工程序较长、较复杂,可用其他软件编程,保存成代码文件,然后导入系统。点击菜单栏"文件"下的"加载 NC 代码文件"就可导入编写的程序。

若需要修改输入的程序,可进行编辑操作。首先通过"显示切换"或[F9]键将页面切换至程序界面,再点击"编辑程序"或[F2]键,此时界面中程序可以进行编辑,编辑正确后,点击"保存程序"或[F4]键,并在指定位置输入新的文件名,即完成了文件的编辑吗,如图 8.2.21 所示。

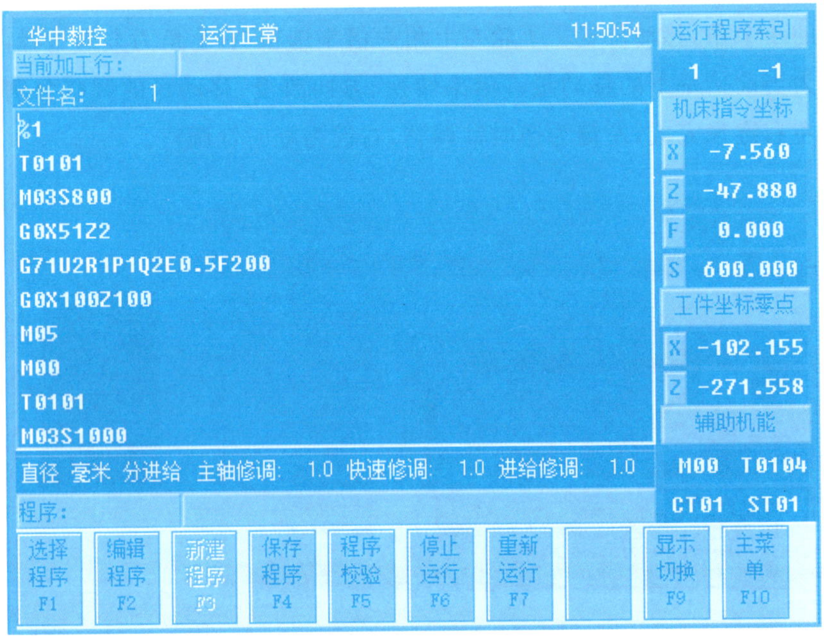

图 8.2.21 加载程序

(2) 工件坐标系的建立　在实际加工中,可以使用试切法确定每一把刀具起始点的坐标值,结合测量视图计算,然后将值输入系统。其操作过程如下。

① 选取加工刀具,将刀具快速移动到工件端面附近,车平端面并沿原路退出,如图 8.2.22 所示。

② 在刀偏表中的"试切长度"栏输入"0",如图 8.2.23 所示。

③ 在工件靠近端面处沿 Z 轴方向试切,并沿原路径退出。

④ 使用"测量" 功能测量工件直径为 66.652,在"刀具补偿"中的"刀偏表"中 1 号刀偏的"试切直径"栏中输入 66.652,即刀尖点相对于工件原点在直径上的偏移量为 66.652。

第 8 章 数控加工仿真软件应用

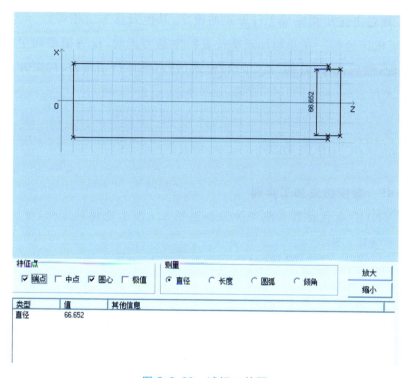

图 8.2.22 试切工件图

图 8.2.23 刀偏表

⑤ 通过上述步骤完成工件原点的设定,其他刀具方法相同。

(3) 机床运行　在开始加工前检查程序是否正确,检查倍率和主轴转速是否匹配,然后选择"自动"或"单段"模式,开启循环启动按钮,机床开始自动加工。

8.3　数控仿真加工实例

例 45　数控仿真加工实训

在 VNUC 数控仿真系统中加工如图 8.3.1 所示阶梯轴零件,材料为铝,毛坯尺寸 $\phi 45 \times 60$。

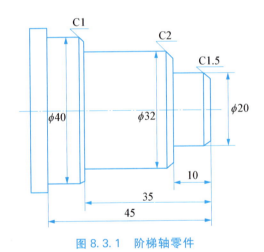

图 8.3.1　阶梯轴零件

本例零件工艺过程的制定以及程序的编写不再赘述,重点讲述仿真软件操作步骤。

① 打开仿真软件,选择机床与系统,旋开急停开关后,机床进行回零操作。

② 按要求建立并安装毛坯,如图 8.3.2 所示。

③ 按要求创建刀具,如图 8.3.3 所示。

④ 建立工件坐标系(对刀)。打开机床主轴,将刀具快速移动至工件附近。打开手轮面板,运动模式切换至增量,选择移动方向与进给倍率。车平

第 8 章 数控加工仿真软件应用

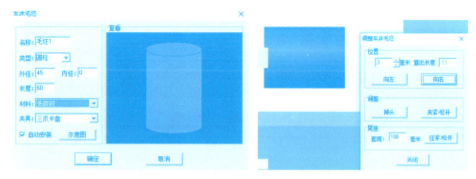

图 8.3.2 建立并安装毛坯

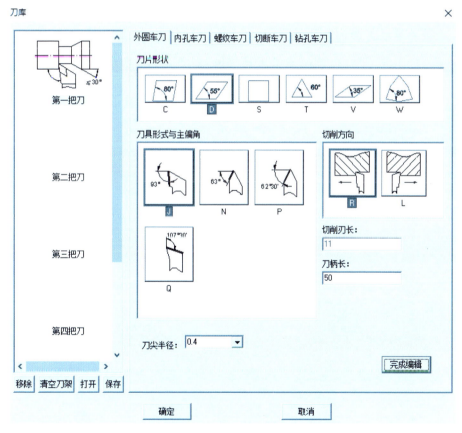

图 8.3.3 创建刀具

端面,在试切长度栏输入"0";试切工件直径,测量数据"42.968",将数据输入到 0001 号刀偏的试切直径栏,可确定工件原点位置,如图 8.3.4 所示。

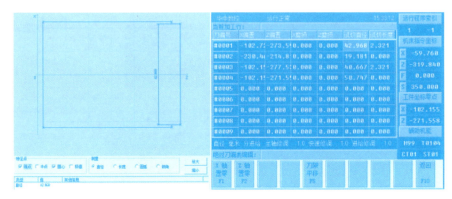

图 8.3.4 对刀

⑤ 直接输入或加载程序,并验证程序,无误后仿真加工零件。

⑥ 加工完成后,可调用测量工具测量,如图 8.3.5 所示。

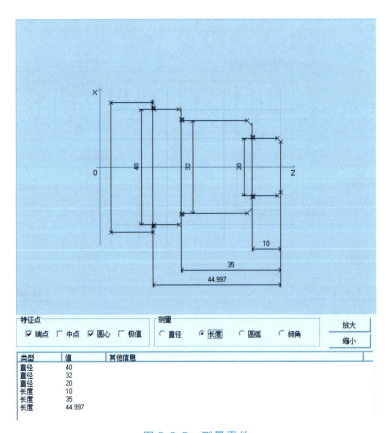

图 8.3.5 测量零件

例46 数控仿真加工实训

在 VNUC 数控仿真系统中加工如图 8.3.6 所示复杂轴零件,材料为铝,毛坯尺寸 $\phi 45 \times 60$。

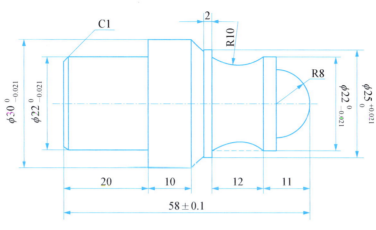

图 8.3.6 复杂轴零件

本例零件需掉头装夹加工,工艺过程的制定以及程序的编写不再赘述,重点讲述仿真软件操作步骤。

① 打开仿真软件,选择机床与系统,旋开急停开关后,机床进行回零操作。

② 按要求建立并安装毛坯。

③ 按要求创建刀具。

④ 先加工工件左侧,建立工件坐标系(对刀)。打开机床主轴,将刀具快速移动至工件附近,打开手轮面板,运动模式切换至增量,选择移动方向与进给倍率。车平端面,在试切长度栏输入"0";试切工件直径,测量数据"31.809",将数据输入到 0001 号刀偏的试切直径栏,可确定工件原点位置,如图 8.3.7 所示。

⑤ 由于本例中存在圆弧面与锥面,所以要设置刀尖方位号与刀尖半径补偿值,如图 8.3.8 所示。

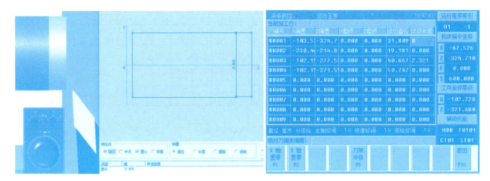

图 8.3.7 零件左侧对刀

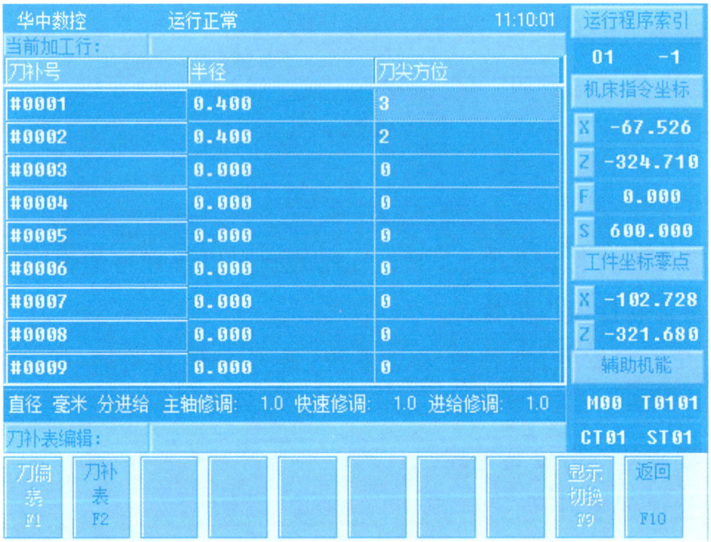

图 8.3.8 设置刀尖方位与刀尖半径

⑥ 直接输入或加载左侧程序,并验证程序,无误后仿真加工零件。

⑦ 左侧加工完成后,可调用测量工具测量,如图 8.3.9 所示。

⑧ 掉头装夹加工工件右侧,建立工件坐标系(对刀)。打开机床主轴,将刀具快速移动至工件附近,打开手轮面板,运动模式切换至增量,选择移动方向与进给倍率。试切长度时,要通过试切确定工件原点所在平面的位置,如图 8.3.10 所示。车平端面后零件总长为 59.869,而零件尺寸要求为 58,则工件坐标原点的位置应向左偏移 59.869－58＝1.869,即刀具当前位置距离

第 8 章 数控加工仿真软件应用

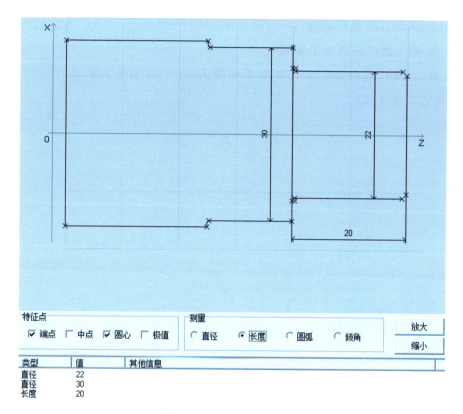

图 8.3.9　测量左侧零件

工件原点所在平面为 1.869，则在刀偏表中试切长度栏输入 1.869。试切工件直径方法同上。

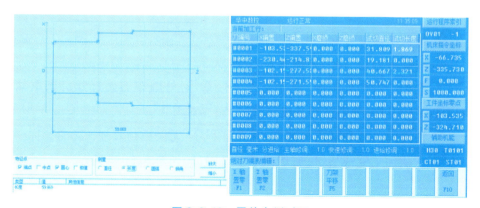

图 8.3.10　零件右侧对刀

⑨ 加载右侧程序,校验,并仿真加工。

例 47 数控仿真加工实训

在 VNUC 数控仿真系统中加工如图 8.3.11 所示复杂轴零件,材料为铝,毛坯尺寸 $\phi52\times35$。

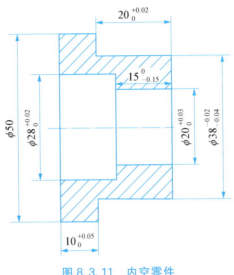

图 8.3.11 内空零件

本例零件须掉头装夹加工,工艺过程的制定以及程序的编写不再赘述,重点讲述仿真软件操作步骤。

① 打开仿真软件,选择机床与系统,旋开急停开关后,机床进行回零操作。

② 按要求建立并安装毛坯。

③ 按要求创建刀具,如图 8.3.12 所示。

⑤ 先加工右侧外圆面,建立工件坐标系,对外圆车刀。打开机床主轴,调用 T01 号刀具,分别试切长度和直径,完成对刀。

⑥ 直接输入或加载右侧程序,并验证程序,无误后仿真加工零件。

⑦ 右侧加工完成后,可调用测量工具测量,如图 8.3.13 所示。

第 8 章 数控加工仿真软件应用

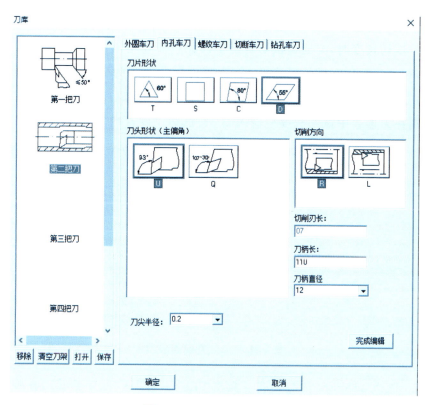

图 8.3.12 建立两把刀具

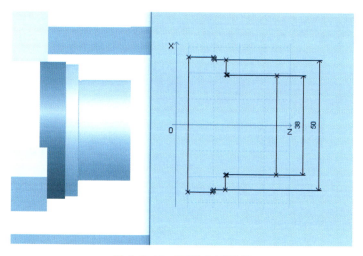

图 8.3.13 测量右侧零件

⑧ 掉头装夹加工工件左侧,建立工件坐标系(外圆车刀对刀)。外圆车刀对刀试切长度时,要通过试切确定工件原点所在平面的位置,如图 8.3.14 所示,车平端面后零件总长为 34.8,而零件尺寸要求为 30,则工件坐标原点的位置应向左偏移 34.8－30＝4.8,即刀具当前位置距离工件原点所在平面 4.8,则在刀偏表中试切长度栏输入 4.8。试切工件直径方法同上。

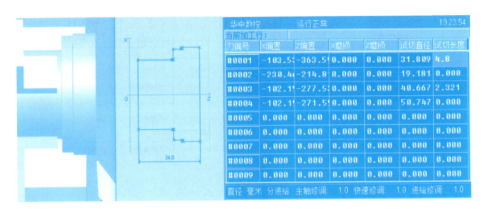

图 8.3.14　零件左侧对刀

⑨ 选择 ϕ18 mm 钻头钻孔。点击"工艺流程"→"尾座钻孔",在弹出的"尾座控制"对话框中设置钻头参数,如图 8.3.15。点击【安装】→【快速定位】→【－Z】,沿 Z 轴负方向钻孔至钻通。

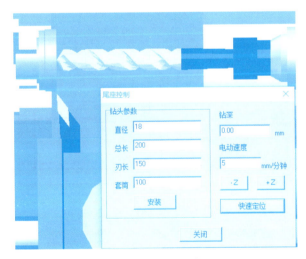

图 8.3.15　安装钻头

⑩ 内孔车刀对刀。将刀具转换至 T02 号刀具,快速移动至工件附近,将工件显示模式切换至"1/2 剖面显示"。试切内孔尺寸 $\phi 18.673$ 与端面 $Z=34.614$,并将测量值输入刀 0002 号刀偏号中,试切直径 18.673,试切长度 4.614,如图 8.3.16 所示。

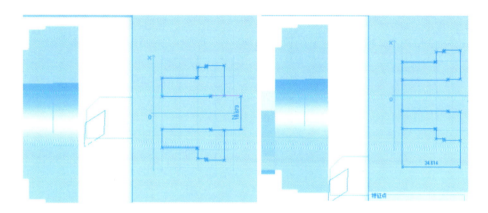

图 8.3.16　内孔车刀对刀

⑪ 加载左侧程序,校验,并仿真加工。

例 48　数控仿真加工实训

在 VNUC 数控仿真系统中加工如图 8.3.17 所示曲面轴零件,材料为铝,毛坯尺寸 $\phi 55 \times 125$。

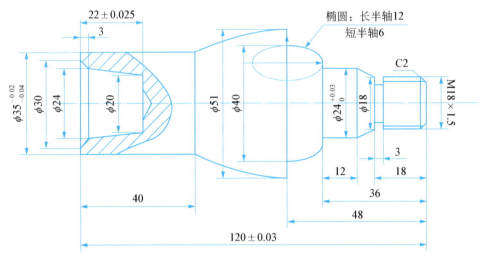

图 8.3.17 曲面轴零件

本例零件需掉头装夹加工,工艺过程的制定以及程序的编写不再赘述,重点讲述仿真软件操作步骤。

① 打开仿真软件,选择机床与系统,旋开急停开关后,机床进行回零操作。

② 按要求建立并安装毛坯。

③ 按要求创建 3 把刀具。

④ 先加工左侧外圆面及内孔,建立工件坐标系,对外圆车刀。打开机床主轴,调用 T01 号刀具,分别试切长度和直径,完成对刀。

⑤ 选择 $\phi 20$ mm 钻头钻孔。

⑥ 对内孔刀。

⑦ 直接输入或加载左侧程序,并验证程序,无误后仿真加工零件。

⑧ 左侧加工完成后,可调用测量工具测量,如图 8.3.18 所示。

⑨ 掉头装夹加工工件左侧,建立工件坐标系(外圆车刀及外螺纹刀对刀)。外圆车刀对刀方法同上。外螺纹刀 Z 轴对刀不用试切长度,只需目测刀尖对齐端面,试切长度栏输入与外圆车刀相同的值,X 轴对刀方法与外圆车刀相同。

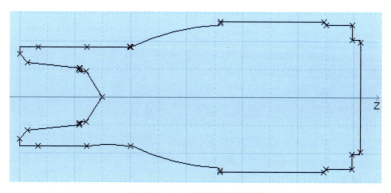

图 8.3.18　测量左侧零件

⑩ 加载右侧程序,校验,并仿真加工。

⑪ 右侧加工完成后,可调用测量工具测量,如图 8.3.19 所示。

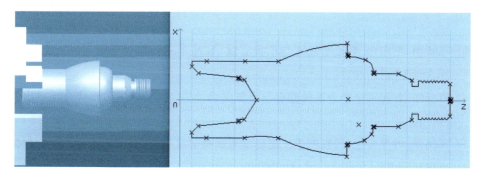

图 8.3.19　测量右侧零件

参考文献

[1] 吴朋友.数控车床(华中数控)考工实训教程[M].北京:化学工业出版社,2015.

[2] 朱学超,刘旭.数控车床实训项目化教程[M].北京:机械工业出版社,2018.

[3] 吴长有,张桦.数控车床加工技术(华中系统)[M].北京:机械工业出版社,2010.

[4] 王新国,纪东伟.数控车加工与项目实践(数控车工一体化学材)[M].杭州:浙江大学出版社,2013.

[5] 陈爱华.数控车床华中系统编程与操作实训[M].北京:中国劳动社会保障出版社。2009.

[6] 孙国新.数控车工(国家职业技能鉴定考试指导)[M].北京:中国劳动社会保障出版社,2016.

[7] 李锋,朱亮亮.数控加工工艺与编程[M].北京:化学工业出版社,2019.

[8] 沈春根,邢美峰,刘义.数控车宏程序编程实例精讲[M].北京:机械工业出版社,2017.